普通高等教育“十二五”规划教材

机械设计基础综合实践

任秀华　邢　琳　张　超　等编著

孟宪举　主　审

机 械 工 业 出 版 社

《机械设计基础综合实践》是在机械类基础课程实验教学改革和普通高等学校教学实验示范中心建设的基础上编写而成的，力求在培养学生动手能力、机械设计创新能力、综合实践能力等方面有所突破。

本书按照机械类基础系列课程的实验教学体系进行编写，目的是引导学生掌握机械设计基础实验的基本原理、基本技能和实验方法。本书基本上涵盖了目前普通工科院校开设的机械设计基础主要实验项目，主要内容分为四部分：导论部分主要介绍机械设计基础实验教学的地位及重要性、实验教学体系和内容、教学大纲、课程要求等内容；第一篇为机构参数测试与分析实验，包括机构运动简图测绘与分析、渐开线齿廓的展成、渐开线直齿圆柱齿轮参数的测定和机构测试、仿真及设计实验；第二篇为机械性能测试与分析实验，包括螺栓连接特性分析、带传动的滑动和效率测定、滑动轴承特性分析、轴系结构创意设计及分析和减速器的拆装与结构分析实验；第三篇为创新实验。除第一章外，每章后都附有实验报告。任课教师可根据不同专业的需求对书中所列实验项目进行选择。

本书主要作为高等院校机械类、近机类和部分非机类专业的"机械设计基础"课程实验专用教材，也可供有关工程技术人员和科研人员参考。

图书在版编目(CIP)数据

机械设计基础综合实践/任秀华，邢琳，张超等编著．—北京：机械工业出版社，2013.8（2024.6 重印）
普通高等教育"十二五"规划教材
ISBN 978-7-111-43050-6

Ⅰ.①机… Ⅱ.①任…②邢…③张… Ⅲ.①机械设计－高等学校－教学参考资料 Ⅳ.①TH122

中国版本图书馆 CIP 数据核字(2013)第 166996 号

机械工业出版社（北京市百万庄大街 22 号 邮政编码 100037）
策划编辑：舒 恬 责任编辑：舒 恬 杨 茜 赵亚敏
责任校对：张 媛 封面设计：张 静 责任印制：常天培
北京机工印刷厂有限公司印刷
2024 年 6 月第 1 版第 7 次印刷
184mm×260mm · 11.25 印张 · 1 插页 · 276 千字
标准书号：ISBN 978-7-111-43050-6
定价：28.00 元

电话服务	网络服务
客服电话：010-88361066	机 工 官 网：www.cmpbook.com
010-88379833	机 工 官 博：weibo.com/cmp1952
010-68326294	金 书 网：www.golden-book.com
封底无防伪标均为盗版	机工教育服务网：www.cmpedu.com

前　言

机械设计基础是一门介绍机械基础知识及培养学生机械创新能力的技术基础课。为机械类、近机类和部分非机械类专业教学计划中的主干课程，在培养合格机械工程设计人才方面起着极其重要的作用。

本书系根据机械设计基础课程的实验教学基本要求，在总结高校近年来机械设计基础实验教学改革经验的基础上编写而成，目的是引导学生在巩固所学理论知识的基础上，掌握机械设计基础实验的基本原理、基本技能和实验方法，进一步培养学生的机械创新意识、工程实践能力及综合设计与分析能力。

本书共包括四部分、十个实验项目，内容丰富、涉及面广。不仅介绍了目前高等工科院校普遍开设的基础验证型实验项目，还介绍了设计应用型、综合提高型和研究创新型实验项目，以满足不同层次、不同专业实验教学的需求，同时采取必做、选做、开放实验等多种方式开设实验。

本书的主要特点是：

1. 概念准确、层次简明、内容规范，对每个实验的实验目的、设备、原理、内容、方法及步骤等阐述清晰，具有可读性和可操作性。

2. 为保证实验完成效果，在每个实验项目中编写了与该实验内容密切相关的预习作业，要求学生在实验前必须完成，以改善教学效果，提高课堂效率。

3. 增加了实验小结，总结实验过程中容易出现的问题、注意事项及解决办法，以便及时发现问题、纠正错误。

4. 为进一步扩大学生的知识面，在每个实验项目中增加了“工程实践”内容，介绍了与实验相关的实际工程背景，典型工程应用实例等。

5. 实验报告格式完整、内容丰富。主要包括以下几点：

1）实验目的、实验设备及工具或实验方案设计。

2）实验结果包括实验条件、实验数据采集和处理、实验过程记录和分析、实验现象分析等。

3）实验引申问题的归纳与总结以及实验心得、建议等。

参加本书编写的有：山东建筑大学任秀华、邢琳、张超，广州市白云工商技师学院蔡福洲，山东建筑大学李乃根、徐楠、王秀叶，浙江吉利控股集团有限公司万法高。本书由山东建筑大学孟宪举教授精心审阅，并提出了许多宝贵的意见与建议。本书在编写过程中参考了其他同类教材、文献资料，同时也得到了参编单位的领导和老师的大力支持，在此一并深表感谢。

由于编者水平有限，书中难免有错误和不妥之处，敬请广大读者批评指正。

编　者

目　录

第1章　导　　论

机械工程是国家建设发展的支柱学科，针对机械类、近机械类和部分非机械类专业开设的“机械设计基础”课程是一门重要的技术基础课。该课程既有系统的理论知识体系，又有很强的工程应用背景。与之关联的实验教学对巩固学生的理论知识、提高实验技能、培养创新意识等意义重大。因此，实验教学不再是理论学习的附属，而是与理论学习具有同等重要地位的实践环节，对工科学生来说尤为如此。

1.1　机械设计基础实验教学的地位及重要性

实验教学是高等学校理工科教学的重要组成部分，它不仅是学生获取知识的重要途径，也对培养学生严谨的科学态度，提高科学研究能力、实验工作能力及创新能力有着重要的意义。特别是近年来教育部推行的高等学校教学质量工程，把实验教学提高到了一个新的高度，扩大实验教学比重已势在必行。

知识不仅需要从理论教学和教科书中获取，也需要从实验和实践中获取。实验教学是理论知识与实践活动、间接经验与直接经验、抽象思维与形象思维、传授知识与训练技能相结合的过程。要在实验教学中培养学生的创新能力，就要重视实验教学方法，使实验课程成为学生有效的学习和掌握科学技术与研究科学理论与方法的途径。学生通过一定数量的、有水平的实验和有计划的实验操作技能训练，可以达到扩大知识面，增强实验设计能力、实际操作能力，提高分析和解决问题的能力。

机械设计基础系列课程是以工科为主的覆盖面较广的主干课程，其实验课程可使工科学生具有丰富的实验思想、方法、手段，是培养学生机械设计、研究、开发能力的一个重要环节。在新时期，尤其可以为培养自主创新型、研究型工程技术人才奠定坚实的基础。机械设计基础实验课程在培养学生严谨的治学态度、活跃的创新意识、理论联系实际和适应科技发展的综合应用能力等方面，具有其他实践类课程不可替代的作用。

机械设计基础课程的实验教学环节极为重要，加强工程实践训练，让学生自己动手实验，是认识机械和机械设计的一个重要渠道。学生通过实验，了解机械设计基础知识在实际工程中的应用，牢固地确立实践先于理论，理论源于实践的科学世界观，不仅在思维上接受机械设计基础理论知识，还要自己通过实验去学习机械设计基础理论知识，在实践中运用机械设计基础理论知识。

在实验中尽量采用先进的测试方法和数据处理方式，尽量创造启发式和开放式实验条件，让学生能自由选择、自行设计实验项目，以提高学生的实际动手能力和工程实践能力。

1.2　机械设计基础实验教学体系和内容

1.2.1　实验教学体系

21世纪的高等教育要求彻底改变实验教学地位。要想从根本上解决问题，就应根据培养目标建立实验教学体系，打破实验教学依附于理论教学、为理论教学服务的传统观念，以全面培养获得实际工程能力、科学研究能力和创新设计能力等综合素质为主线，紧紧围绕培养具有坚实理论基础，具备设计拓展能力和发展潜力的工程技术人才为目标，结合学校的学科建设和实验室建设构建与理论教学相辅相成的实验教学新体系，以适应素质教育和创新教育的发展需要。

1. 分层次教学

机械设计基础实验教学体系在全面分析学生能力结构的基础上，以培养学生具有扎实的实验技能，较好的机械综合设计能力、分析能力和科学研究能力，挖掘学生潜能以及激活学生的创新思维为目标，采取模块结构分层次教学，构建验证型、综合型和设计型等3个层次的实验教学新体系。

第1层次实验，即验证型实验，是开展科学研究的基础，也是开展综合型实验和设计型实验的基础。其目的在于促进学生掌握基本原理，培养学生的基本实验技能，提高发现和解决问题的能力。

第2层次实验，即综合型实验，其实验内容涉及相关综合知识，是对某一问题进行综合研究的实验，它注重学生对理论知识的理解、运用和掌握。其目的在于提高学生的动手能力、综合分析和解决实际问题的能力。

第3层次实验，即设计型实验，是以学生为主体，教师为主导的科学研究实验，它注重学生在实验过程中自行设计和知识应用的合理性。其目的在于通过学生独立设计、独立分析，实现自主学习、自主创新，提高综合设计的实践能力，鼓励学生大胆创新，勇于探索，培养学生掌握基本测试技术，具备初步开展科学研究的能力。

2. 教学方法与手段多样化

从激发和培养学生自主学习、自主实践和自主创新的角度出发，对教学方法和手段进行改革。充分发挥实验指导教师的主导作用，积极采用启发式、讨论式和现场教学等多种教学方法，增强实验教学的趣味性和吸引力。鼓励学生独立思考，激发学习的主动性，培养学生的科学精神和创新意识。

实验教学手段按照学生的认识规律和实际水平，配备足够数量的实验设备和仪器，建立以学生为中心，实现以学生自我训练为主的教学模式。实验安排由浅到深，由简单到综合，实验项目由验证型、综合型、设计型组成，分为必做项目与选做项目。在同一时间内，实验室有多个实验项目对学生开放，供学生选做，学生可根据自己的专业方向，选择实验项目与实验方式，充分调动学生学习的主动性。

3. 改革教学内容

应从调动学生积极性、提高学生实际动手能力、培养学生工程意识和创新意识的角度出发，对机械设计基础实验教学内容进行深入改革。引入现代科技知识，用新技术、新理念和新方法改造传统实验。更新教学内容，把工程意识、创新精神、实验能力的培养纳入实验教学内容，更重要的是贯穿渗透到实验教学环节中去，鼓励引导学生提出不同的设计方案和解题途径，引导学生细致观察实验现象，总结实验结论，提出实验建议。

实验内容应在某种程度上反映机械学科的发展方向。一定要将实验从为了验证书本理论以及注入式、封闭式的禁锢中解放出来，鼓励独立构思实验方案，增加实验内容和选题的柔性与开放性，发展学生个性，为学有余力的学生提供更多、更好的锻炼机会。

4. 增加实验学时，扩充实验项目

坚持课内学习与课外学习并重的原则，突出课外学习和实践对学生创新设计应用能力培养的重要作用，改变过去实验教学中限定实验时间的要求。学生可采取预约实验时间和场地，教师应创造条件“全天候”开放实验，在保证人身和设备安全的基础上放手让学生自主实验，为学生提供独立思考和实验的空间。实验中要鼓励和培养学生的创造性，充分发挥想象力，允许“标新立异”，提出前人所没有提出的新理论、新方法、新技术，并给学生以必要的指引。

根据课程培养目标，增加实验学时和实验项目，理论教学中的某些内容可与实验教学结合讲授，改变纯粹的课堂理论教学。逐步增加创新型实验内容，有利于提高学生的工程实践能力。

5. 重视实验考核

实验考核是检查和评价教学效果的重要手段，实验教学的考试和考核鼓励创新，实验课程的成绩强调平时与考试并重、实验理论与实验技能相结合、实验过程与结果相结合的综合评定方式，采用平时实验操作、实验报告成绩、实验考试等按比例综合累加的办法确定最终总成绩，平时成绩以实验操作、实验能力、实验结果及实验报告为主要依据。总评成绩按百分制综合评分。鼓励学生在实验中有所创新，对于有创见的学生，成绩从优。合格后按学分计算。

1.2.2 实验教学内容

机械设计基础实验教学新体系从培养学生动手能力和基本实践能力入手，以培养学生创新能力和综合设计能力为目标，以机械设计基础实验方法自身系统为主线，独立设置实验课程。采取模块结构和分层次教学，将该课程分为三大模块和三个层次，如图1-1所示。三大模块为：机构参数测试与分析模块、机械性能测试与分析模块、机构运动创新设计模块。三个层次为：验证型、综合型、设计型、实验内容由“单一型”、“局部型”向“综合型”、“整体型”拓展；实验方法由“演示型”、“验证型”向“设计型”、“综合型”拓展；实验手段向计算机辅助测试拓展。

各实验模块包含的实验内容如下：

1. 机构参数测试与分析模块

针对机械原理、机械设计基础系列课程开设的验证型、综合型实验，包括4个实验项

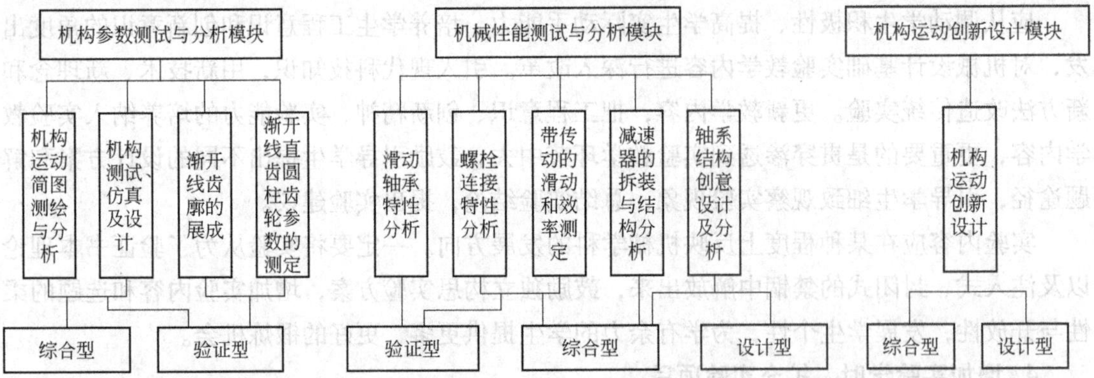

图 1-1 机械设计基础实验课程教学内容框图

目：机构运动简图测绘与分析实验、渐开线齿廓的展成实验、渐开线直齿圆柱齿轮参数的测定实验，机构测试、仿真及设计综合实验。通过这部分实验内容，使学生进一步深入理解相关理论知识，加强对具体工程应用的理解和掌握，培养动手能力和初步实践能力。

（1）机构运动简图测绘与分析实验

1）根据实际机械或模型的结构测绘机构运动简图，掌握机构运动简图测绘的基本方法、步骤和注意事项。

2）验证和巩固机构自由度计算方法和机构运动是否确定的判定方法。

3）加深对机构组成原理及其结构分析的理解。

（2）渐开线齿廓的展成实验

1）掌握用展成法切制渐开线齿轮齿廓的基本原理。

2）了解产生根切的原因以及如何避免根切的方法。

3）分析、比较标准齿轮和变位齿轮的异同点，理解变位齿轮的概念。

（3）渐开线直齿圆柱齿轮参数的测定实验

1）掌握用游标卡尺等工具测定渐开线圆柱齿轮基本参数的基本方法。

2）熟练掌握齿轮几何尺寸的计算方法，明确齿轮各几何参数之间的相互关系。

3）掌握渐开线标准直齿圆柱齿轮与变位齿轮的判别方法。

4）了解变位后对轮齿尺寸产生的影响。

（4）机构测试、仿真及设计综合实验

1）对平面机构结构参数进行优化设计，对该机构的运动进行仿真和测试分析。

2）对实际平面机构进行动态参数采集和处理，绘制实测的机构动态运动和动力参数曲线，并与相应的仿真曲线进行对照。

3）对机构进行平衡设置和调节，观察其运动不均匀状况和振动情况。

4）对平面机构中某一构件的运动、动力情况及整个机构运动波动及振动情况进行分析、测定。

2. 机械性能测试与分析模块

针对机械设计、机械设计基础系列课程开设的验证型、设计型、综合型实验，包括 5 个实验项目：螺栓连接特性分析实验、带传动的滑动和效率测定实验、滑动轴承特性分析实验、轴系结构创意设计及分析实验、减速器的拆装与结构分析实验。其目的是使学生对实验基本原理、装置、方法和技能有所了解、领会，进一步培养学生的综合设计能力与分析、解决实际问题的能力。

（1）螺栓连接特性分析实验

1）了解螺栓连接在拧紧过程中各部分的受力情况。

2）验证受轴向工作载荷时，预紧螺栓连接的变形规律及其对螺栓总拉力的影响。

3）通过螺栓的动载实验，改变螺栓连接的相对刚度，验证提高螺栓连接疲劳强度的各项措施。

4）掌握用应变法测量螺栓受力的实验技能。

（2）带传动的滑动和效率测定实验

1）分析带传动的弹性滑动和打滑现象，加深对带传动工作原理和设计准则的理解。

2）通过绘制滑动曲线和效率曲线，深刻认识带传动特性、承载能力、效率及其影响因素。

3）分析弹性滑动、打滑与带传递的载荷之间的关系。

（3）滑动轴承特性分析实验

1）分析滑动轴承在起动过程中的摩擦现象及润滑状态，加深对形成流体动压条件的理解。

2）测定、绘制径向滑动轴承径向油膜压力分布曲线。

3）了解径向滑动轴承摩擦因数的测量方法，绘制摩擦特性曲线，分析影响摩擦系数的因素。

（4）轴系结构创意设计及分析实验

1）熟悉轴的结构及其设计，弄懂轴及轴上零件的结构形状及功能、加工工艺和装配工艺。

2）熟悉并掌握轴及轴上零件的定位与固定方法。

3）了解滚动轴承的类型、布置、安装及调整方法，以及润滑和密封方式。

4）掌握滚动轴承组合设计的基本方法。

（5）减速器的拆装与结构分析实验

1）熟悉减速箱的基本结构，了解常用减速箱的用途及特点。

2）了解减速箱各组成零件的结构及功用，并分析其结构工艺性。

3）了解减速器中各零件的定位方式、装配顺序及拆卸的方法和步骤。

4）熟悉减速器附件及其结构、功能和安装位置。

3. 机构运动创新设计模块

该实验是针对机械原理、机械设计基础系列课程开设的设计型、综合型实验，可由学生自行申请，立项进行。增加了选题的柔性与开放性，充分发挥学生的创新潜能，旨在帮助学生树立工程设计观念，激发其创新精神，培养学生的主动学习能力、独立工作能力、动手能力和创造能力。

1）加强对机构组成原理的认识，进一步了解机构组成及其运动特性。

2）利用若干不同的杆组，拼接各种不同的平面机构，以培养机构创新设计能力及综合设计能力。

3）通过对实际机械结构的拼接，增强学生对机构的感性认识，培养学生的工程实践及动手能力。

1.3　机械设计基础实验教学大纲

1.3.1　适用专业

机械设计基础实验适用于机械类、近机械类和部分非机械类专业包括机械工程及自动化、车辆工程、材料成形及控制工程、金属材料工程、热能与动力工程、工业设计等。

1.3.2　实验教学目的

机械设计基础实验是机械设计基础课程的重要实践环节，达到的教学目的为：要求学生掌握现代机械设计、测试技术和实验研究方法，具备综合分析能力、工程实践能力和创新设计能力；剖析现代典型机械系统功能原理、构思设计及结构实现；通过机构运动方案创新设计及创意组合，培养学生的创造思维能力和动手能力；深入了解典型机构及传动装置的运动、动力学特性；掌握现代机械参数的测试原理、方法和手段；掌握测量仪器的使用方法及零部件的测绘方法。

1.3.3　实验项目设置及学时分配

机械设计基础实验项目的设置及学时分配情况见表 1-1。

表 1-1　实验项目设置及学时分配

序号	实验项目名称	学时	实验类型	实验类别	每组学生数
1	机构运动简图测绘与分析	2	验证型、综合型	必修	2
2	渐开线齿廓的展成	2	验证型	必修	2
3	渐开线直齿圆柱齿轮参数的测定	2	验证型	必修	2
4	机构测试、仿真及设计	2	验证型、综合型	选修	4
5	螺栓连接特性分析	2	验证型、综合型	必修	2
6	带传动的滑动和效率测定	2	验证型、综合型	选修	2
7	滑动轴承特性分析	2	验证型	选修	4
8	轴系结构创意设计及分析	2	综合型、设计型	必修	4
9	减速器的拆装与结构分析	2	综合型	必修	2
10	机构运动创新设计	4	综合型、设计型	选修	4

注：教师可根据不同专业需求对所列实验项目进行选择，学生也可通过开放实验室选择相应的实验项目。

1.4 机械设计基础实验课程要求

通过机械设计基础实验课程的学习和实验实践，学生应做到以下几点：

1）充分认识科学实验的内涵和重要意义。

2）了解和熟悉机械设计基础实验常用的实验设备及仪器，掌握实验原理、实验方法、测试技术、数据采集、误差分析及处理方法。

3）严格按科学规律从事实验工作，遵守实验操作规程，实事求是，不粗心大意、主观臆断，更不允许弄虚作假。

4）在实验过程中认真观察实验现象，不忽视和放过“异常”现象，敢于存疑、探求、创新，对实验结果和实验中观察到的现象作出自己的解释和分析，树立实验能验证理论，也能发展和创造理论的观点。

5）重视实验报告的撰写。实验报告是显示和保存实验成果的依据。实验报告的质量体现实验的价值和影响，同时也是实验教学中对学生的综合分析、抽象概括、判断推理等思维能力及语言、文字、曲线图表、数理计算等表达能力的综合实践训练。为此，如同重视实验过程一样，也应重视实验报告的撰写。

实验报告的文字应该简洁易懂，对所作结论应明确指出其适用范围或局限性。如果实验在某一方面取得了新成果或有新发现，则应作为重点详细阐述。实验报告也可以写出实验心得、教训、建议等，为后续的实验者提供借鉴，避免重复或走弯路。

1.5 实验室开放守则

1.5.1 实验室开放原则

1）实验室开放的目的是通过创造实验活动环境，调动、激发学生学习的积极性和主动性，使学生有独立思考、自由发挥、自主学习的时间和空间，做到因材施教，培养高素质人才。

2）实验室开放要结合教学条件和学生特点。对于低年级学生，主要训练其基本技能和实践能力；对于高年级学生，重在培养其工程意识和科研能力。

3）开放实验室要不断丰富开放内容，改进开放形式，提高开放效果。

开放实验内容要与设计型、综合型实验相结合，培养学生利用计算机等现代化手段进行科学实验的能力。

4）实验室开放要注重实效。根据实际情况，学生可选做基本训练的实验，也可选做设计型、综合型、研究型实验。开放项目可以是教学计划要求的课内实验，也可以是课外内容，以满足不同层次学生的要求。

1.5.2　实验室开放形式

实验室向学生开放的具体形式分为学生参与科研型、学生参加提高型、自选课题型等，采用以学生为主体、教师加以启发指导的模式。

1）学生参与科研型实验。主要面向高年级学生，实验室定期发布科研项目中的开放研究题目，吸收部分优秀学生早期进入实验室参与教师的科学研究活动。

2）学生参加提高型实验。实验室定期发布教学计划以外提高型实验项目，学生在指导教师的指导下，完成实验方案的设计、试验装置安装与调试，完成实验并撰写论文或实验报告。

3）学生自选课题型实验。学生自行拟定实验研究课题，结合实验室的方向和条件，联系到相应实验室和指导教师开展实验活动，实验室提供相应的实验条件，指派教师进行指导。

1.5.3　实验室开放安排

实验室主要采取预约、学生自选题目等多种开放形式。

每学期实验开始前，实验室应向学生公布本学期实验室开放的时间、地点、实验项目和指导教师。学生要根据自己的课程需求选定实验项目和内容。

1.5.4　实验室开放管理

1. 实验室开放职责

实验室开放实行主任负责制，实验室技术人员实行坐班制。实验室工作人员根据实验室开放计划及时做好仪器设备、实验耗材及实验环境等方面的准备工作。实验室开放时，实验指导教师和实验技术人员负责做好教学秩序、实验安全等方面的管理工作，做好开放实验记录。

2. 实验仪器管理

1）仪器设备管理和使用要做到“三好”（管好、用好、维护好）、“三防”（防尘、防潮、防震）、“四会”（会操作、会保养、会检查、会简单维修）、“三定”（定人保管、定期维护、定点存放），保证仪器设备性能完好可靠。

2）仪器的使用必须严格遵守实验室有关管理规章制度。

3）实验室的专、兼职管理人员对所管仪器应负全面责任，未经管理人员同意任何人不得借出仪器设备。

4）仪器借用必须办理相应借用手续。由借用部门提出申请，按规定签字批准后方能借出。

5）加强仪器的维护和保养工作。发生故障时要及时送修或置换，以确保仪器处于完好状态，不影响实验的正常进行。

6）提高仪器设备利用率，充分发挥投资效益。在保证实验工作正常进行的前提下，使用部门经批准可以承担校外的实验任务，所得经济效益按学校有关规定办理。

1.5.5 实验纪律

1）必须在指定的时间参加实验，不得迟到、早退，迟到十分钟以上者，不得参加本次实验。

2）实验前必须认真预习实验指导书及实验内容，明确实验目的、步骤和原理，并完成预习作业。未完成预习作业和回答教师提问不及格者，不得参加本次实验。

3）由于特殊原因，不能参加实验者，经指导教师同意方可补做。

4）实验准备就绪后，须经指导教师检查，方可进行实验。实验时必须严格遵守实验室的规章制度和仪器设备操作规程，如实记录数据，不准抄袭他人实验结果。

5）爱护仪器设备，节约消耗材料，未经许可不得动用与本实验无关的仪器设备及其他物品，不准将实验室的任何物品带出室外。

6）实验时要切实注意安全，若发生事故，就立即切断电源，保持现场，及时向指导教师报告，待查明原因并排除后，方可继续实验。

7）进入实验室后应保持安静，不得高声喧哗和打闹，不准抽烟，不准随地吐痰，不准乱抛纸屑杂物，要保持实验室和仪器的整齐清洁。

8）实验完毕后，仪器物品应恢复原位，整理场地，关闭电源。经指导教师检查仪器设备、工具、材料及实验记录后，方可离开实验室。

9）对违反实验室规章制度和操作规程，擅自动用与本实验无关的仪器设备，私自拆卸仪器设备而造成事故和损失的，肇事者应写出书面检查，视情节轻重和认识程度按规章处理。

1.5.6 奖惩与监督

1）鼓励学生利用课余时间参加实验室开放活动。学生参加开放实验的成绩经考核后计入创新学分，以学生参加科研、科技活动的阶段性成果（实物、论文或总结报告等）、实验成果（实物、论文或实验报告等）和指导教师的考核评价作为成绩和学分的评定依据。

2）鼓励和支持实验技术人员、教师通过开放实验产生创新性成果。开放实验获得的成果，可申报校内实验技术成果奖的评奖。

第一篇　机构参数测试与分析实验

机械运动和动力参数的测试与分析是深入认识机械系统工作性能、指导改进设计的重要途径。机械的运动、动力性能是否达到预定的设计要求，如何加以改进和创新以及改进和创新后的效果如何等，需要通过实验的方法加以检验和探求，进而衡量设计的合理性、验证理论分析的正确性。

本章主要介绍机构参数测试与分析所涉及的四个实验项目：机构运动简图测绘与分析实验、渐开线齿廓的展成实验、渐开线直齿圆柱齿轮参数的测定实验，机构测试、仿真及设计综合实验。通过这部分实验内容，使学生进一步深入理解相关理论知识，加强对具体工程应用的理解和掌握，培养动手能力和初步实践能力。

第2章　机构运动简图测绘与分析实验

2.1 概述

机构是具有确定运动的实物组合体。分析机构的组成可知，任何机构都是由许多构件通过运动副的连接而构成的。

1. 运动副

机构都是由构件组合而成的，其中每个构件都以一定的方式与另一个构件相连接，这种连接既使两个构件直接接触，又使两个构件能产生一定的相对运动。每两个构件间的这种直接接触并能产生一定相对运动的连接称为运动副。构成运动副的两个构件间的接触包括点、线、面三种形式，两个构件上参与接触而构成运动副的点、线、面的部分称为运动副元素。

构件所具有的独立运动的数目称为构件的自由度。平面内一个构件在未与其他构件连接前，可产生 3 个独立运动，也就是说具有 3 个自由度。常用平面运动副的表示方法见表 2-1。

表 2-1　常用的平面运动副

名　称	代表符号	
	两运动构件构成的运动副	两构件之一为固定件时构成的运动副
转动副	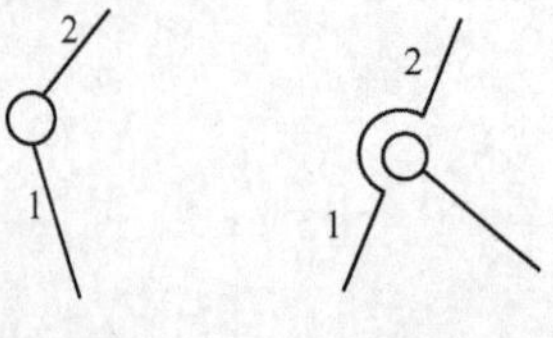	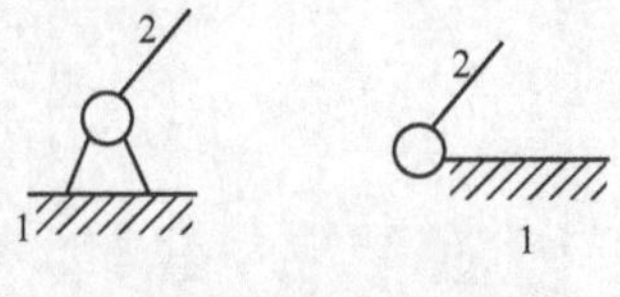

（续）

<table>
<tr><td rowspan="2">名　称</td><td colspan="6">代表符号</td></tr>
<tr><td colspan="3">两运动构件构成的运动副</td><td colspan="3">两构件之一为固定件时构成的运动副</td></tr>
<tr><td>移动副</td><td colspan="3">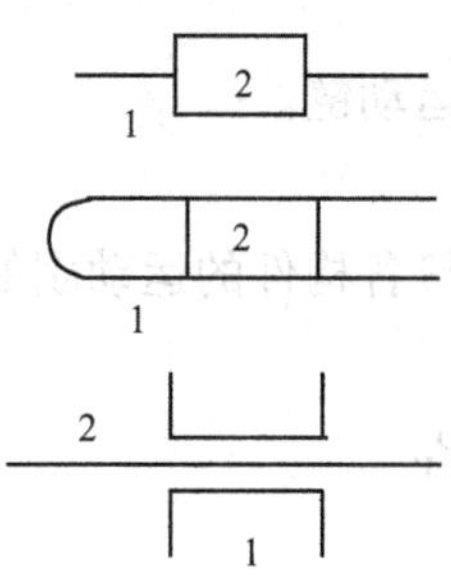</td><td colspan="3">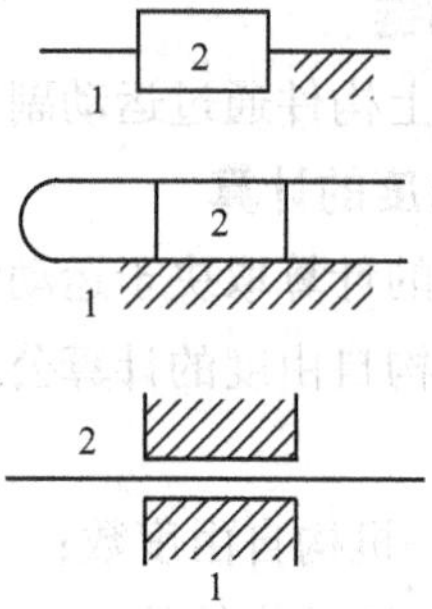</td></tr>
<tr><td rowspan="2">凸轮机构</td><td colspan="2">尖顶从动杆</td><td colspan="2">滚子从动杆</td><td colspan="2">平底从动杆</td></tr>
<tr><td colspan="2">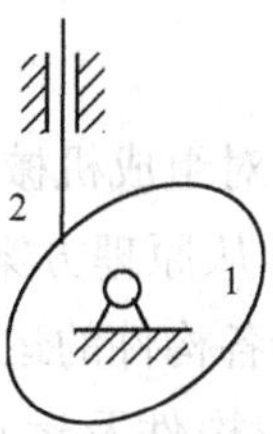</td><td colspan="2"></td><td colspan="2">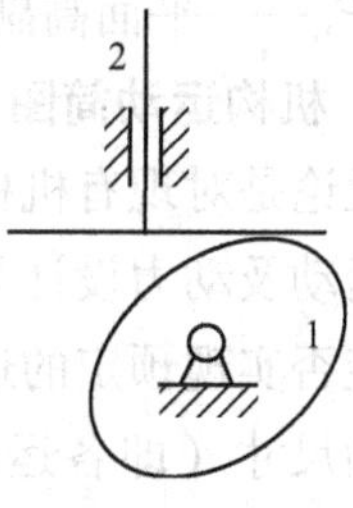</td></tr>
<tr><td rowspan="2">齿轮机构</td><td colspan="2">外啮合</td><td colspan="2">内啮合</td><td colspan="2">齿轮齿条啮合</td></tr>
<tr><td colspan="2">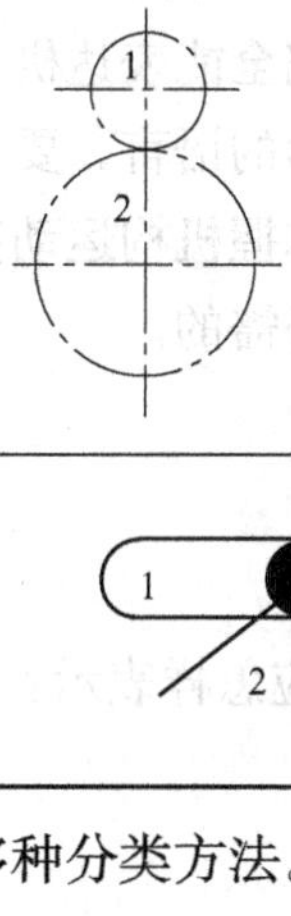</td><td colspan="2">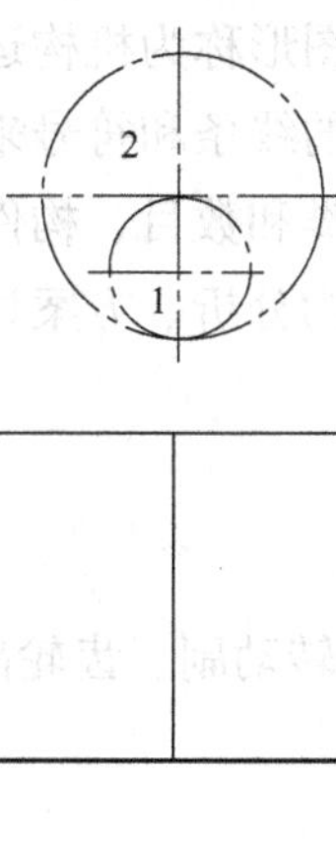</td><td colspan="2">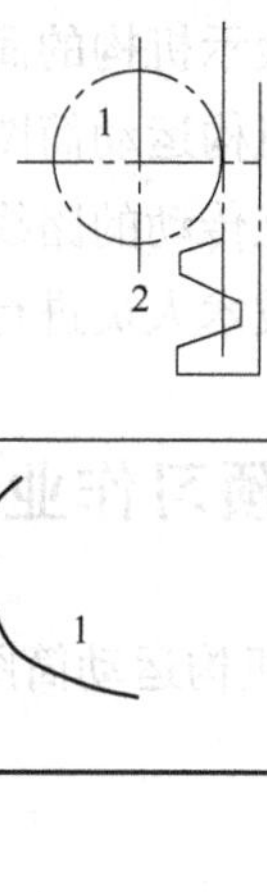</td></tr>
<tr><td>其他形式高副</td><td colspan="3">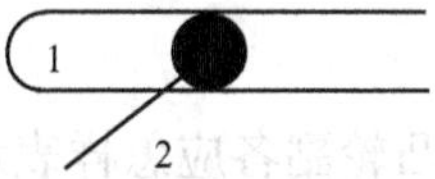</td><td colspan="3">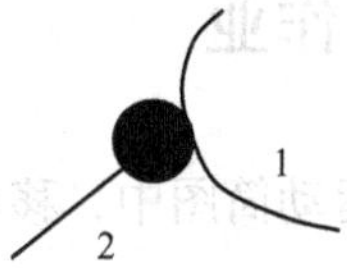</td></tr>
</table>

运动副有多种分类方法。

（1）按运动副的接触形式分类　面与面接触的运动副称为低副，如移动副、转动副（回转副）；点与线接触的运动副称为高副，如凸轮副、齿轮副。

（2）按相对运动的形式分类　构成运动副的两构件之间的相对运动若为平面运动，则称为平面运动副；两构件之间只作相对转动的运动副称为转动副或回转副；两构件之间只作相对移动的运动副，则称为移动副等。

（3）按运动副引入的约束数分类　引入 1 个约束的运动副称为 1 级副，引入 2 个约束的运动副称为 2 级副，以此类推，还有 3 级副、4 级副、5 级副。

（4）按接触部分的几何形状分类　根据组成运动副的两构件在接触部分的几何形状，可分为圆柱副、平面与平面副、球面副、螺旋副、球面与平面副、球面与圆柱副、圆柱与平面副等。

2. 运动链

两个以上构件通过运动副连接而构成的系统称为运动链。

3. 自由度的计算

自由度的计算取决于运动链活动构件的数目、连接各构件的运动副的类型和数目。

平面机构自由度的计算公式为

$$F = 3n - 2P_L - P_H$$

式中　F——机构自由度数；

n——活动构件数；

P_L——平面低副数目；

P_H——平面高副数目。

4. 机构运动简图

无论是对现有机构进行分析、构思新机械的运动方案，还是对组成机械的各机构做进一步的运动及动力设计与分析，都需要一种表示机构的简明图形。从原理方案设计的角度看，机构能否实现预定的运动和功能，是由原动件的运动规律、连接各构件的运动副类型和机构的运动尺寸（即各运动副间的相对位置尺寸）来决定的，而与构件及运动副的具体外形（高副机构的轮廓形状除外）、断面尺寸、组成构件的零件数目及方式等无关。因此，可用国家标准规定的简单符号和线条代表运动副和构件，并按一定的比例表示机构的运动尺寸，绘制出表示机构的简明图形。这种图形称为机构运动简图，它完全能表达机构的组成和运动特性。机构运动简图是一种用简单的线条和符号来表示工程图形的语言，要求能够描述出各机构相互传动的路线、运动副的种类和数目、构件的数目等。掌握机构运动简图的绘制方法是工程技术人员进行机构设计、机构分析、方案讨论和交流所必需的。

2.2　预习作业

1. 机构运动简图中，移动副、转动副、齿轮副及凸轮副各应怎样表示？

2. 什么是机构运动简图？什么是机构示意图？

3. 绘制机构运动简图时，应如何选择长度比例尺和视图平面？

4. 什么是复合铰链、局部自由度和虚约束?

5. 机构具有确定运动的条件是什么?

2.3　实验目的

1）对运动副、零件、构件及机构等概念建立实感。

2）熟悉并运用各种运动副、构件及机构的代表符号。

3）学会根据实际机械或模型的结构测绘机构运动简图，掌握机构运动简图测绘的基本方法、步骤和注意事项。

4）验证和巩固机构自由度计算方法和机构运动是否确定的判定方法。

5）培养对机构和简单机械的认知能力，加深对机构组成原理及其结构分析的理解。

2.4　实验设备及工具

1）各种机构和机器的实物或模型。

2）钢卷尺、钢直尺、内外卡钳、量角器（根据需要选用）。

3）自备直尺、圆规、铅笔、橡皮、草稿纸等。

2.5　实验方法及步骤

1）了解待绘制机器或模型的结构、名称及功用，认清机械的原动件、传动系统和工作执行构件。

2）缓慢转动模型手柄使机构运动，细心观察运动在构件间的传递情况，从原动件开始，分清各个运动单元，确定组成机构的构件数目。

3）根据相连接的两构件间的接触情况和相对运动特点，分别判定机构中运动副种类、个数和相对位置。

4）取与大多数构件的运动平面相平行的平面为视图投影平面，将机构转至各构件没有相互重叠的位置，以便简单清楚地将机构中每个构件的运动情况正确地表达出来。

5）在草稿纸上按照从原动件开始的各构件连接次序，用规定的运动副符号和简单的构件线条画出机构示意图。

6）仔细测量实际机构中两运动副之间的长度尺寸和相互位置（如：两转动副之间的距离，移动副导路的位置等），对于高副机构，应仔细测量出高副的轮廓曲线及其位置；然后

选取适当比例尺μ_l，将草稿纸上的机构示意图在实验报告上按比例画出。即

$$\mu_l=\frac{\text{实际长度（mm）}}{\text{图示长度（mm）}}$$

7）用数字1、2、3…标注构件序号和字母A、B、C…表达各运动副，并在原动件上用箭头标出其运动方向，完成机构运动简图的绘制。

8）计算机构的自由度，判断被测机构运动是否确定，并与实际模型或实物相对照，观察是否相符。计算时要注意机构中出现的复合铰链、局部自由度、虚约束等特殊情况。应特别指明；若计算的机构自由度与实际机构的运动确定情况矛盾时，说明简图或计算有错，应找出错误原因，并加以纠正。

2.6 举例

下面以图2-1所示的偏心轮机构为例来简要说明机构运动简图的绘制方法。

1）使机构缓慢运动，根据各构件之间有无相对运动，分析机构的组成、动作原理和运动情况。该偏心轮机构由4个构件组成，原动构件偏心轮1绕固定轴心A连续回转带动连杆2作复合平面运动，从而推动滑块3沿固定导轨4作往复运动。由此可知，导轨4和构件1、构件1和连杆2、连杆2和滑块3都作相对转动，回转中心分别在各自的转动轴心A、B和C点上，滑块3和导轨4作相对移动，移动轴线为AC。

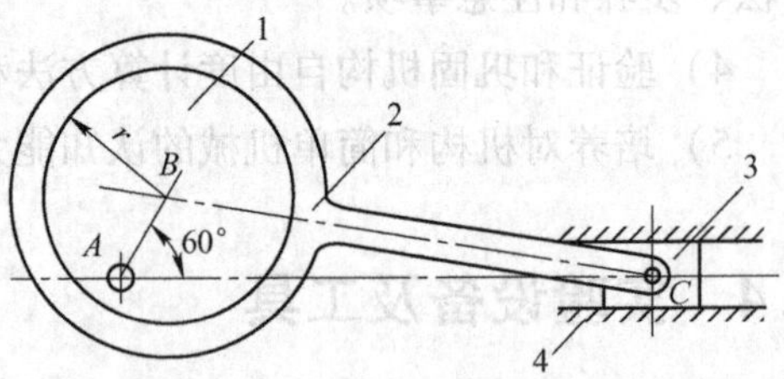

图2-1　偏心轮机构

1—偏心轮　2—连杆　3—滑块　4—导轨

2）选择视图平面，选定机构某一瞬时的位置，如选图2-1所示位置（$\theta=60°$）。在适当位置画出偏心轮1与固定导轨4构成的转动副A。

3）测量各回转副中心之间的距离和移动导轨的相对位置尺寸，即l_{AB}、l_{BC}、l_{CA}和角θ。

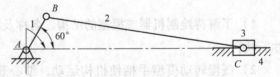

图2-2　偏心轮机构的运动简图

4）选取适当的比例尺，定出各运动副的相对位置，按规定的符号画出其他运动副B、C。

5）用规定的线条和符号链接各运动副，进行必要的标注。该机构的运动简图如图2-2所示。

2.7 实验小结

1. 注意事项

1）每人应按上述方法完成三种机构的运动简图绘制及自由度计算。

2）绘制运动简图时注意一个构件在中部与其他构件用转动副相连的表达方法。

3）绘制运动简图时注意高副中的滚子与转动副的区分，可用大些的实心圆表示高副滚子，用小些的空心圆表示转动副。

4）绘制机构运动简图时，在不影响机构运动特征的前提下，允许移动各部分的相对位置，以求图形清晰。

5）注意构件尺寸，尤其是固定铰链之间的距离及相互位置。

6）不增减构件数目；不改变运动副性质。

7）注意运动简图的标注，包括构件标出序号、原动件画出箭头、运动副标出字母等。

2. 常见问题

1）当两构件间的相对运动很小时，会被误认为一个构件。

2）由于制造误差和使用日久等原因，某些机构模型的同一构件上各零件之间有稍许松动时，可能会误认为是两个构件。

3）在绘制机构运动简图过程中，常常出现高副表达不正确（例如高副表示成低副）或不完整的情况，应仔细分析，正确判断。

2.8　工程实践

在实际的生产实践中，为便于分析和讨论，通常需要绘制机构运动简图对新机构进行设计或对现有机构进行运动及动力分析。

1. 牛头刨床

如图2-3a所示为常见的牛头刨床，主要用于单件小批生产中刨削中小型工件上的平面、成形面和沟槽。图2-3b为其主运动机构的结构示意图。为详细分析各构件的运动情况及判断牛头刨床机构是否具有确定的相对运动，需绘制出其机构运动简图，如图2-4所示。

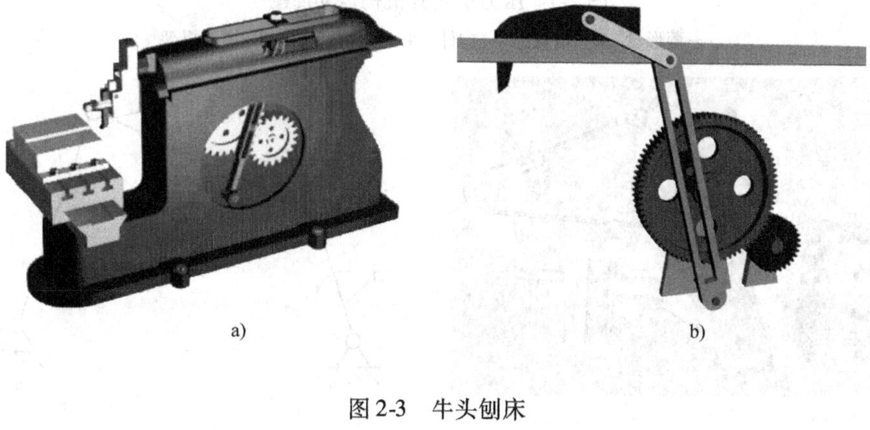

a)　　b)

图2-3　牛头刨床

2. 压力机

图2-5a所示为一具有急回作用的压力机。它由菱形盘1、滑块2、构件3（3与3′为同

一构件）、连杆 4、冲头 5 和机架 6 组成。为分析各构件的运动情况，需绘制出压力机的机构运动简图，如图 2-5b 所示。

菱形盘 1 为原动件，绕 *A* 轴转动，通过滑块 2 带动构件 3 绕 *C* 轴转动，然后再由作平面运动的连杆 4 带动冲头 5 沿机架 6 上下移动，完成冲压工件的任务。滑块 2、构件 3、连杆 4 及冲头 5 为从动件。

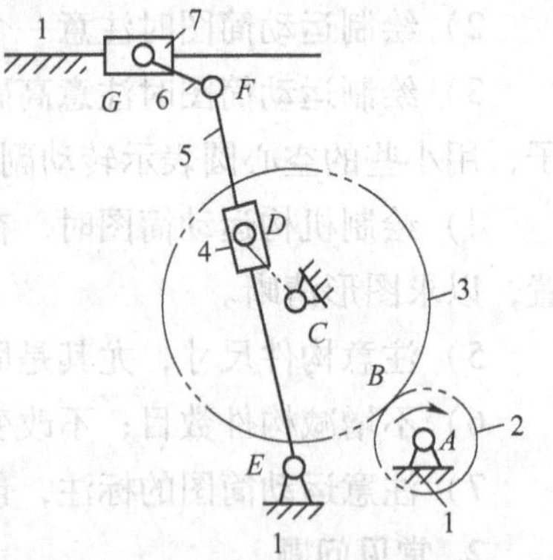

图 2-4　牛头刨床机构运动简图

3. 颚式破碎机

图 2-6a 所示为模拟动物的两颚运动而完成物料破碎作业的颚式破碎机。该设备广泛应用于矿山、冶炼、建材、公路、铁路、水利和化工等行业中各种矿石与大块物料的中等粒度破碎。

颚式破碎机一般由原动机、传动装置和工作机三部分组成。其中工作机部分是由最基本、最典型的曲柄摇杆机构组成，其机构运动简图如图 2-6b 所示。

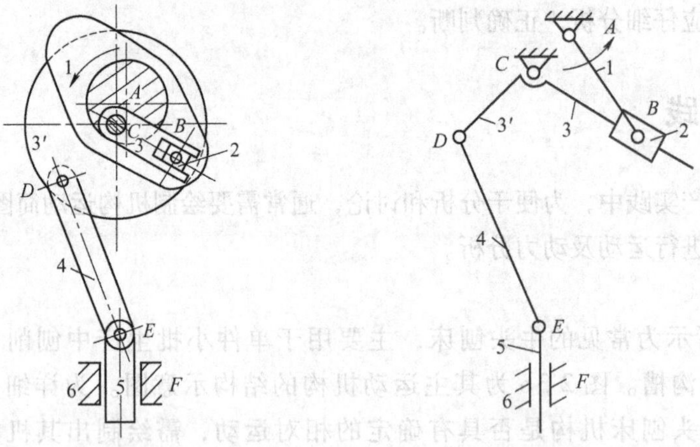

a)　　　　　　　　　　　　b)

图 2-5　压力机及其机构运动简图

1—菱形盘　2—滑块　3—构件　4—连杆　5—冲头　6—机架

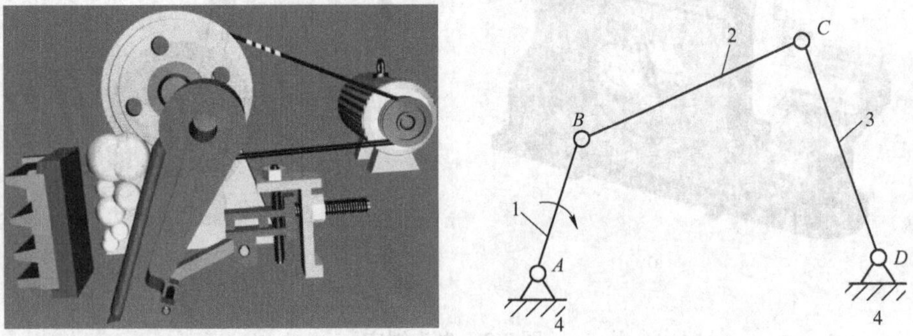

a)　　　　　　　　　　　　b)

图 2-6　颚式破碎机及其机构运动简图

实验报告

实验名称：________________　　实验日期：________________

班级：________________　　姓名：________________

学号：________________　　同组实验者：________________

实验成绩：________________　　指导教师：________________

（一）实验目的

（二）实验结果

机构名称	机构运动简图	比例尺	自由度计算	运动是否确定
	（指出复合铰链、局部自由度或虚约束）	$\mu_l =$	活动构件数 $n =$ 低副数 $P_L =$ 高副数 $P_H =$ 机构自由度数 $F =$ 原动件数 $W =$	

（续）

机构名称	机构运动简图	比例尺	自由度计算	运动是否确定
	（指出复合铰链、局部自由度或虚约束）	μ_l =	活动构件数　n = 低副数　P_L = 高副数　P_H = 机构自由度数　F = 原动件数　W =	
	（指出复合铰链、局部自由度或虚约束）	μ_l =	活动构件数　n = 低副数　P_L = 高副数　P_H = 机构自由度数　F = 原动件数　W =	

（三）思考问答题

1. 一个正确的平面机构运动简图应能说明哪些问题？当绘制机构运动简图时，原动件的位置为何可以任意选择？是否会影响运动简图的正确性？为什么？

2. 机构自由度大于或小于原动件数时，各会产生什么结果？

3. 在本次实验中是否遇到复合铰链、局部自由度或虚约束等情况？在机构自由度计算中你是如何处理的？并说明它们在实际机构中所起的作用。

4. 举例说明哪些是与运动有关的尺寸，哪些是与运动无关的尺寸。

5. 机构自由度的计算对绘制机构运动简图有何意义？

6. 对所测绘的机构能否进行改进？试设计新的机构运动简图。

（四）实验心得、建议和探索

第 3 章　渐开线齿廓的展成实验

3.1　概述

近代齿轮齿廓的加工方法很多，有铸造法、热轧法、冲压法、模锻法、粉末冶金法和切制法等，目前最常用的是切制法。切制法中按切齿原理的不同，又分仿形法和展成法（也称范成法），其中展成法可以用一把刀具加工出模数、压力角相同而齿数不同的标准和各种变位齿轮齿廓，加工精度和生产率均较高，是一种比较完善、应用广泛的切齿方法，如插齿、滚齿、磨齿、剃齿等都属于这种方法。展成法加工是利用一对齿轮（或齿轮与齿条）啮合时，其共轭齿廓互为包络的原理来切齿的。加工时，其中的一轮磨制出有前、后角，具有切削刃口的刀具，另一轮为尚未切齿的齿轮轮坯，二者按固定的传动比对滚，好像一对齿轮（或齿轮齿条）做无齿侧间隙啮合传动一样；同时刀具还沿轮坯的轴向做切削运动，最后在轮坯上被加工出来的齿廓就是刀具切削刃在各个位置的包络线。常用的刀具有齿轮插刀、齿条插刀、齿轮滚刀等数种。

用展成法加工齿轮时，刀具的顶部有时会过多地切入轮齿的根部，将齿根的渐开线部分切去一部分，产生根切现象。齿轮的根切会降低轮齿的抗弯强度，引起重合度下降，降低承载能力等，因此工程上应力求避免根切。

1. 齿轮插刀切制齿轮

图 3-1a 为用齿轮插刀切制齿轮的情形。插刀形状与齿轮相似，但具有切削刃。插齿时，插刀一方面与被切齿轮按定传动比做回转运动，另一方面沿被切齿轮轴线做上下往复的切削运动，这样，插刀切削刃相对于轮坯的各个位置所形成的包络线（图 3-1b）即为被切齿轮的齿廓。

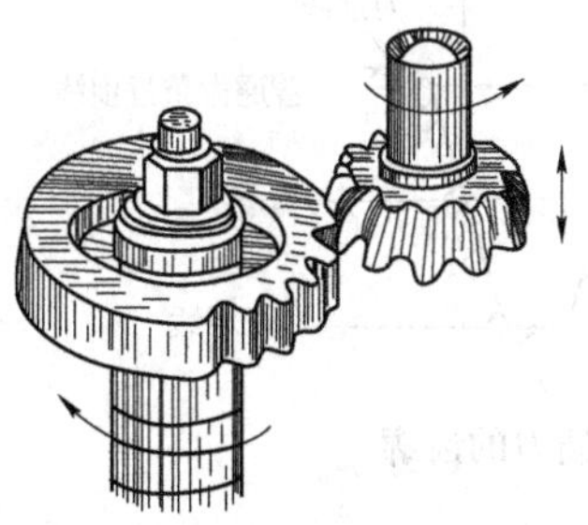
a)

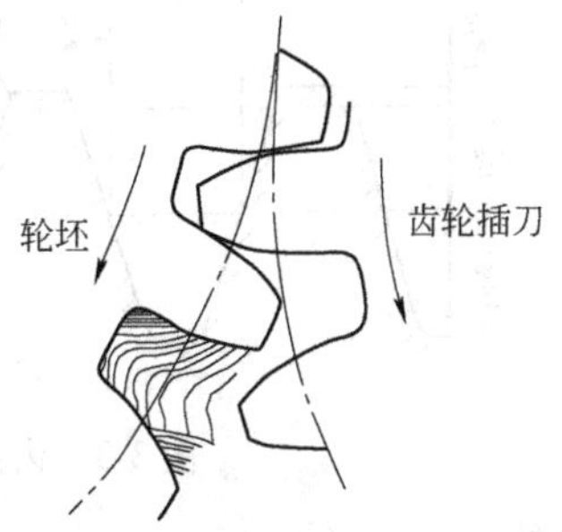

b)

图 3-1　齿轮插刀切制齿轮

其加工过程包含四种运动。

1）展成运动。齿轮插刀与轮坯以定传动比 $i=\frac{\omega_0}{\omega}=\frac{z}{z_0}$ 转动，这是加工齿轮的主运动，称为展成运动。

2）切削运动。齿轮插刀沿轮坯轴线方向做往复运动，其目的是为了切去齿槽部分的材料。

3）进给运动。齿轮插刀向着轮坯径向方向移动，其目的是为了切出轮齿高度。

4）让刀运动。齿轮插刀向上运动时，轮坯沿径向做微量运动，以免切削刃擦伤已形成的齿面，在齿轮插刀向下切削到轮坯前又恢复到原来位置。

2. 齿条插刀切制齿轮

当齿轮插刀的齿数增加到无穷多时，其基圆半径变为无穷大，则齿轮插刀演变成齿条插刀。图 3-2a 所示为用齿条插刀切制齿轮的情形。插刀形状与齿条相似（见图 3-3），但具有切削刃，刀具直线齿廓的倾斜角即压力角。刀具顶部比正常齿条高出 $c*m$，是为了使被切齿轮在啮合传动时具有顶隙。刀具上齿厚等于齿槽宽处的直线正好处于齿高中间，称为刀具中线。切制标准齿轮时，刀具中线相对于被切齿轮的分度圆做纯滚动，同时，刀具沿被切齿轮轴线作上下往复的切削运动。这样，插刀切削刃相对于轮坯的各个位置所形成的包络线（图 3-2b）即为被切齿轮的齿廓。

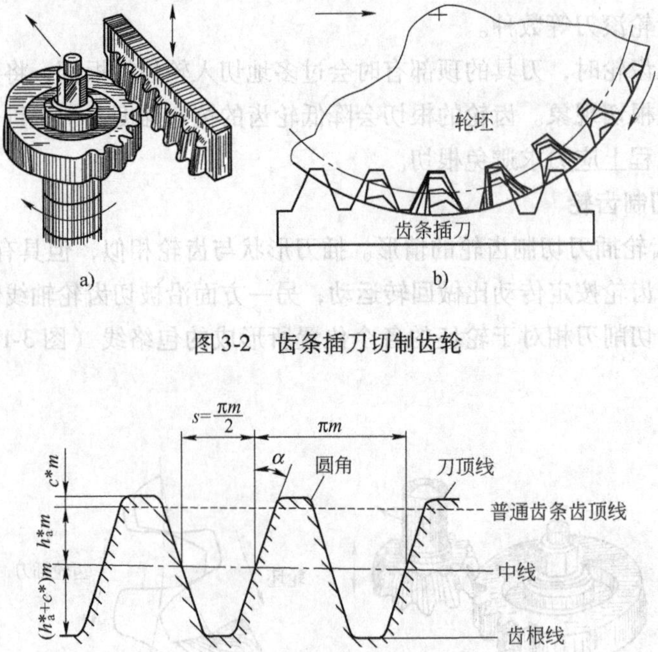

图 3-2　齿条插刀切制齿轮

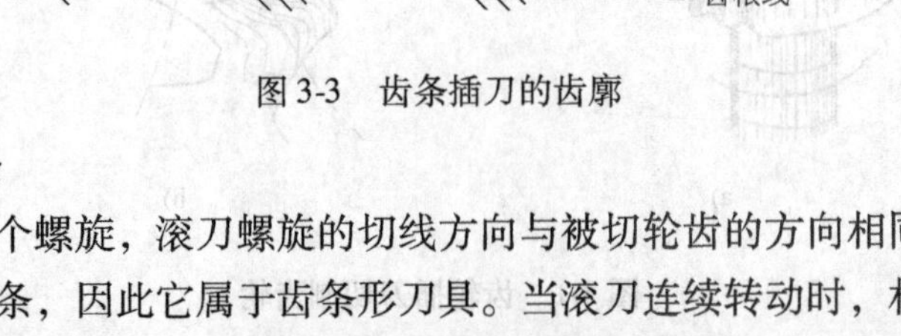

图 3-3　齿条插刀的齿廓

3. 滚刀切制齿轮

滚刀的形状像一个螺旋，滚刀螺旋的切线方向与被切轮齿的方向相同。由于滚刀在轮坯端面上的投影是一齿条，因此它属于齿条形刀具。当滚刀连续转动时，相当于一根无限长的齿条向前移动。由于齿轮滚刀一般是单头的，其转动一周，就相当于用齿条插刀切齿时刀具移过一个齿距，所以用齿轮滚刀加工齿轮的原理和用齿条插刀加工齿轮的原理基本相同。

目前广泛采用的齿轮滚刀为连续切削，生产效率较高。图 3-4a 是利用滚刀切制齿轮的情形。滚刀外形类似于开出许多纵向沟槽的螺旋（见图 3-4b），其轴向剖面的齿形和齿条插刀相同。切齿时，滚刀和被切齿轮分别绕各自轴线回转，此时滚刀就相当于一个假想齿条连续地向一个方向移动。同时滚刀还沿轮坯轴线方向缓慢移动，直至切出整个齿形。

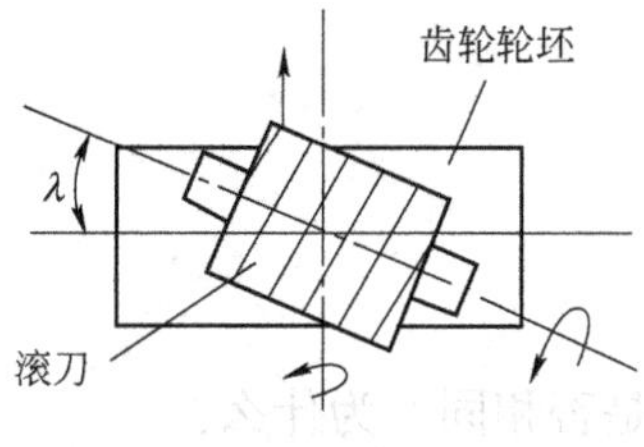

a)

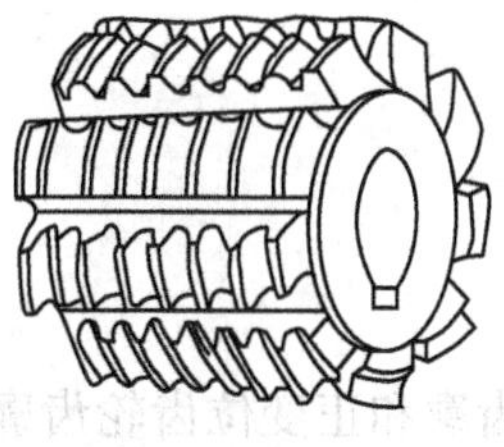
b)

图 3-4 滚刀切制齿轮

在工厂实际加工齿轮时，我们无法清楚地看到切削刃包络的过程，通过本次实验，用齿轮展成仪来模拟齿条刀具与轮坯的展成加工过程，将刀具切削刃在切削时曾占有的各个位置的投影用铅笔线记录在绘图纸上。齿轮的渐开线齿形是参加切削的刀齿的一系列连续位置的刃痕线组合，并不是一条光滑的曲线，而是由许多折线组成的。我们尽量让折线细密一些，可使齿廓更光滑。在这个实验中，能够清楚地观察到齿轮展成的全过程和最终加工出的完整齿形。

3.2 预习作业

1）展成法加工标准齿轮时，刀具中线与被加工齿轮的分度圆应保持________，当加工正变位齿轮时，刀具应________齿轮毛坯中心，当加工负变位齿轮时，刀具应________齿轮毛坯中心。

2）在表 3-1 中写出标准齿轮及变位齿轮分度圆、齿顶圆、齿根圆、基圆、齿距、齿厚、齿槽宽的计算公式。

表 3-1 标准齿轮和变位齿轮有关参数的计算公式

	标准齿轮	变位齿轮
分度圆直径		
齿顶圆直径		
齿根圆直径		
基圆直径		
齿距		
齿厚		
齿槽宽		

3. 渐开线形状与基圆大小有何关系？齿廓曲线是否全是渐开线？

4. 用展成法加工渐开线标准直齿轮时，什么情况下会产生根切现象？如何避免根切？

5. 标准齿轮齿廓和正变位齿轮齿廓的形状是否相同？为什么？

6. 变位齿轮的基圆压力角、分度圆压力角和齿顶圆压力角是否与标准齿轮的相同？

3.3　实验目的

利用实验仪器模拟齿条插刀与轮坯的展成加工过程，用图纸取代轮坯，记录刀具在切削时的一系列位置，从而可以达到下述目的：

1） 观察渐开线齿廓的形成过程，掌握用展成法切制渐开线齿轮齿廓的基本原理。

2） 观察渐开线齿轮产生根切的现象，了解产生根切的原因以及如何避免根切。

3） 分析、比较标准齿轮和变位齿轮的异同点，理解变位齿轮的概念。

3.4　实验设备及工具

1） 齿轮展成仪。

2） 自备圆规、三角板、剪刀、铅笔、计算器等。

3） 每班将书中附带的白色硬质圆纸按直径不同进行剪裁，分为三种情况：1/3 同学裁成 230mm；1/3 同学裁成 260mm；剩下同学裁成 290mm，所有圆纸中心裁有 50mm 的圆孔。

4） 渐开线齿轮模型、挂图或者“齿轮展成实验”教学片。

3.5 实验原理及方法

为了看清楚齿廓的形成过程，用圆形的图纸做“轮坯”，在不考虑刀具作切削和让刀运动的前提下，使仪器中的“齿条刀具”与“轮坯”对滚，认为切削刃在图纸上所绘制出的各个位置的包络线，就是被加工齿轮的齿廓曲线。当展成仪上标准齿条刀具的中线与被加工齿轮的分度圆相切并做纯滚动时，加工出来的就是标准齿轮；当刀具远离轮坯中心做展成运动时，得到正变位齿轮轮廓曲线；当刀具移近轮坯中心做展成运动时，得到负变位齿轮轮廓曲线。为了逐步再现上述加工过程中切削刃在相对轮坯每个位置时形成包络线的详细过程，通常采用齿轮展成仪来实现。常用齿轮展成仪结构如图 3-5 和图 3-6 所示，其工作原理分别简述如下。

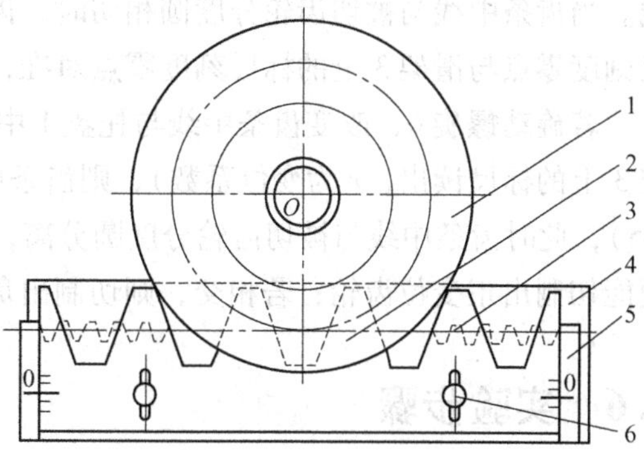

图 3-5　齿轮展成仪（Ⅰ）结构示意图
1—转动盘　2—齿条刀具　3—小齿条
4—机架　5—拖板　6—调节螺钉

1. 齿轮展成仪（Ⅰ）

如图 3-5 所示，转动盘 1 能绕固定于机架 4 上的轴心 O 转动。在转动盘内侧固连有一个小模数的齿轮，它与拖板 5 上的小齿条 3 相啮合。通过调节螺钉 6，把模数较大的齿条刀具 2 装在拖板上。展成实验时，移动拖板，通过小齿条和齿轮的传动，能使转动盘作回转运动，而固定于转动盘上的轮坯（圆形图纸）也跟着转动。这与被加工齿轮相对于齿条刀具运动相同。

松开调节螺钉 6，可以使“刀具”相对于拖板垂直移动，从而调节“刀具”中线至“轮坯”中心的距离，以便展成出标准齿轮或正负变位齿轮。在拖板与“刀具”两端都有刻度线，以便在“加工”齿轮时调节其变位量。

2. 齿轮展成仪（Ⅱ）

图 3-6 中，图纸托盘 1 可绕固定轴 O 转动，钢丝 2 绕在托盘 1 背面代表分度圆的凹槽内，钢丝两端固定在滑架 3 上，滑架 3 装在水平底座 4 的平导向槽内。所以，在转动托盘 1 时，通过钢丝 2 可带动滑架 3 沿水平方向左右移动，并能保证托盘 1 上分度圆周凹槽内的钢丝中心线所在圆（代表被切齿轮的分度圆）始终与滑架 3 上的直线 E（代表刀具节线）作纯滚动，从而实现对滚运动。代表齿条型刀具的齿条 5 通过螺钉 7 固定在刀架 8 上，刀架 8 架在滑架 3 上的径向导槽内，旋动螺旋 6，可使刀架 8 带着齿条 5 沿垂直方向

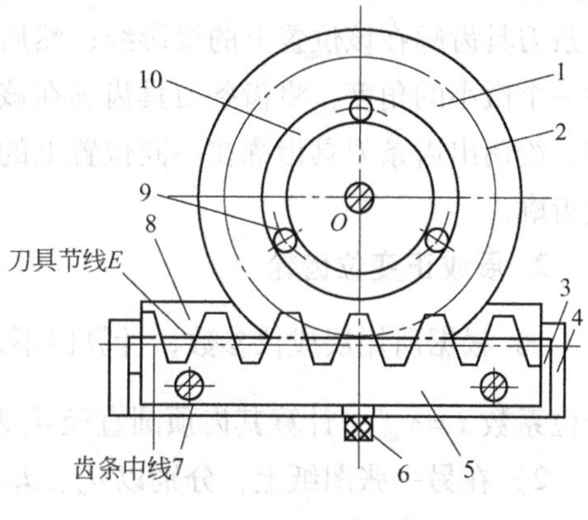

图 3-6　齿轮展成仪（Ⅱ）结构示意图
1—托盘　2—钢丝　3—滑架　4—底座
5—齿条　6—螺旋　7、9—螺钉
8—刀架　10—压环

相对于托盘 1 中心 O 作径向移动。因此，齿条 5 既可以随滑架 3 作水平移动，与托盘 1 实现对滚运动，又可以随刀架 8 一起作径向移动，用以调节齿条中线与托盘中心 O 之间的距离，以便模拟变位齿轮的展成切削。

齿条 5 的模数为 m（一般等于 20mm 或 8mm），压力角为 20°，齿顶高与齿根高均为 1.25m，只是牙齿顶端的 0.25m 处不是直线而是圆弧，用以切削被切齿轮齿根部分的过渡曲线。当齿条中线与被切齿轮分度圆相切时，齿条中线与刀具节线 E 重合，此时齿条 5 上的标尺刻度零点与滑架 3 上的标尺刻度零点对准，这样便能切制出标准齿轮。

若旋动螺旋 6，改变齿条中线与托盘 1 中心 O 的距离（移动的距离 xm 可由齿条 5 或滑架 3 上的标尺读出，x 为变位系数），则齿条中线与刀具节线 E 分离或相交。若相分离（图 3-5），此时齿条中线与被切齿轮分度圆分离，但刀具节线 E 仍与被切齿轮分度圆相切，这样便能切制出正变位齿轮；若相交，则切制出负变位齿轮。

3.6　实验步骤

用渐开线齿廓展成仪，分别模拟展成法切制渐开线标准齿轮和变位齿轮的加工过程，在图纸上绘制出 2 ~ 3 个完整的齿形。

1. 展成标准齿轮

1）根据所用展成仪的模数 m 和分度圆直径 d 求出被切齿轮的齿数 z，并计算其齿顶圆直径 d_a、齿根圆直径 d_f、基圆直径 d_b。

2）在已剪好的圆形图纸上，分别以 d 和 d_b 为直径画出两个同心圆。

3）将圆形图纸安装在展成仪的转动盘或托盘上，使二者圆心重合。

4）调节刀具中线，使其与被切齿轮分度圆相切（展成仪（Ⅰ））或将齿条上的标尺刻度零点与滑架上的标尺刻度零点对准，此时齿条中线与刀具节线 E 重合（展成仪（Ⅱ））。

5）切制轮廓时，先将齿条推至左（或右）极限位置，用削尖的铅笔在圆形图纸上画下齿条刀具齿廓在该位置上的投影线；然后转动托盘或转动盘一个微小的角度，此时齿条将移动一个微小的角度，将齿条刀具齿廓在该位置上的投影线画在圆形图纸上。连续重复上述工作，绘制出齿条刀具齿廓在不同位置上的投影线，这些投影线的包络线即为被切齿轮的渐开线齿廓。

2. 展成正变位齿轮

1）根据所用展成仪参数，计算出不发生根切现象的最小变位系数 $x_{\min} = \dfrac{17 - z}{17}$，然后取变位系数 $x = x_{\min}$，计算其齿顶圆直径 d_a 和齿根圆直径 d_f。

2）在另一张图纸上，分别以 d_a、d_f、d 和 d_b 为直径画出四个同心圆，并将其剪成比直径 d_a 大 3mm 的圆形图纸。

3）同“展成标准齿轮”步骤 3）。

4）将齿条向远离转动盘或托盘中心的方向移动一段距离（大于或等于 $x_{\min}m$）。

5）同“展成标准齿轮”步骤 5）。

展成齿廓的毛坯图样如图3-7所示。

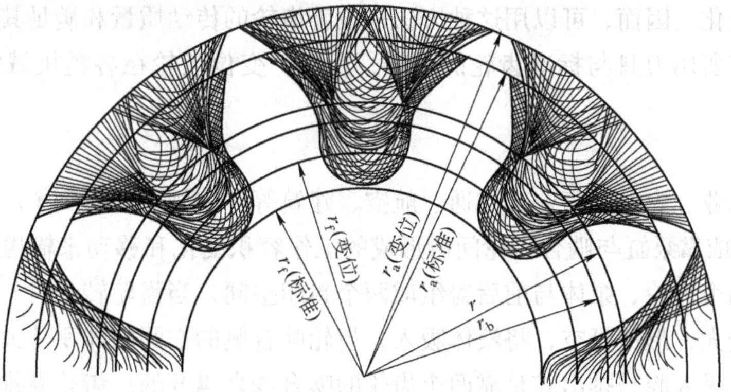

图3-37　展成齿廓的毛坯图样

3.7　实验小结

1. 注意事项

1）在移动刀具过程中，一定要将“轮坯”纸片在转动盘或托盘上固定可靠，并保持“轮坯”中心与转动盘或托盘中心时刻重合，展成过程中不能随意松开或重新固定，否则可能导致实验失败。

2）每次移动刀具距离不要太大，否则会影响齿形的展成效果。每展成一种齿形，都应将齿条从一个极限位置移至另一个极限位置，若移动距离不够，会造成齿形切制不完整。

3）用不同颜色的笔绘制标准渐开线齿轮和变位齿轮，并将两齿轮重叠起来，以便观察根切现象。

4）实验结束后，整理好展成仪和工具，使其恢复原状。

2. 常见问题

1）若本实验选用的展成仪模数较小而分度圆较大时，切制标准齿轮齿廓时发生的根切现象可能不明显。

2）若“轮坯”图纸较薄时或纸面不平整时，在展成过程中可能会出现刀具移动不畅的情况。

3.8　工程实践

在实际的生产实践中，标准齿轮由于自身存在的一些局限性如齿数不能小于最少齿数、不适用于中心距不等于标准中心距的场合、小轮的强度较低等缺点限制了其推广和应用。为了突破标准齿轮的限制，要对齿轮进行必要的修正。将刀具相对于齿坯中心向外移出或向内移近一段距离加工出的齿轮叫变位齿轮。变位齿轮相对于标准齿轮的优点是：减小机构尺寸、避免根切、改善小轮磨损、提高齿轮强度、提高承载能力、可配凑中心距等。采用变位修正法加工变位齿轮，不仅可以避免根切，而且与标准齿轮相比，齿厚、齿顶高、齿根高等参数都发生了变化。因而，可以用这种方法来改善齿轮的传动质量和满足其他要求，如降低噪声等。且加工所用刀具与标准齿轮的一样，所以，变位齿轮在各类机械中获得了广泛应用。

1. 齿轮泵

齿轮泵在工业、农业、商业、交通、航空、建筑等各个领域都得到了广泛的应用。齿轮泵（图3-8）是依靠泵缸与啮合齿轮间所形成的工作容积变化和移动来输送液体或使之增压的回转泵。由两个齿轮、泵体与前后盖组成两个封闭空间，当齿轮转动时，齿轮脱开侧的空间的体积从小变大，形成真空，将液体吸入，齿轮啮合侧的空间的体积从大变小，而将液体挤入管路中去。吸入腔与排出腔是靠两个齿轮的啮合线来隔开的。齿轮泵排出口的压力完全取决于泵出口处阻力的大小。齿轮泵的特点是重量轻，工作可靠，自吸特性好，对污染不敏感，寿命长，造价低，维护方便，允许转速较高。

根据不同使用场合的要求，空间的限制和传动配合的要求，需要设计制造出结构简单紧凑、符合承载要求、满足排量要求（特别是排油量大）的齿轮油泵。为了获得齿轮泵的特殊使用要求，使其具有优良的啮合性能、增强齿轮传动的弯曲强度、提高其耐磨性和抗胶合能力，齿轮泵的齿轮一般采用较少的齿数。若不采用变位，则在加工较少齿数齿轮的加工过程中，不仅会大大减弱齿轮的强度，而且还特别容易产生根切现象。这就需要采用变位齿轮来实现其特殊要求。

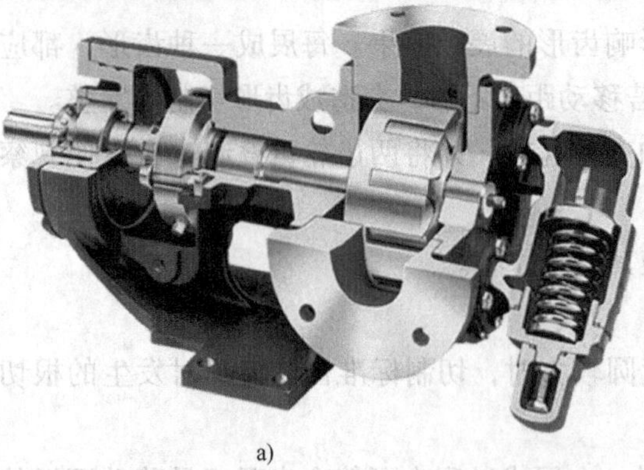

a)

b)

图 3-8　齿轮泵

变位齿轮应用于齿轮泵有很多优点，如能够配凑中心距，使机构结构紧凑，适当的负变位使排量增大，正变位使齿根强度增大。对大型齿轮泵进行维修时，可用齿轮变位修复轮齿磨损，节约维修费用，缩短维修工期。

2. 采煤机齿轮传动

采煤机是实现煤矿生产机械化和现代化的重要设备之一，主要完成落煤和装煤工序。随着我国煤炭重工业的迅猛发展，高产高效的工作需求对采煤机（图3-9）的性能要求越来越高。而在采煤机的机械传动中几乎都是直齿轮传动，所以齿轮成为采煤机的关键元件，其工作的可靠性将直接影响着采煤机的使用性能、使用寿命。而标准的齿轮传动又存在许多缺点，在一定程度上不能满足特殊工作场合的要求，这时变位齿轮传动在采煤机上便获得了很好的应用。

图 3-9　采煤机

（1）缩小结构尺寸　对采煤机而言，由于受到井下空间的限制，采用高度变位或正角度变位，可以将小齿轮齿数降低至 17 以下，从而使结构尺寸大大减小。

（2）增大承载能力　当采煤机中两齿轮的材料和尺寸给定后，采用正角度变位，可以使接触强度提高 23%，个别情况下可提高 34% 左右。采用高度变位，随着小齿轮齿数的减少，弯曲强度将逐渐得到提高。例如：$z=18$ 时，取 $x=0.57$，抗弯强度提高 20% 左右；当 $z=30$ 时，取同样的变位系数 $x=0.57$，抗弯强度会提高 35% 左右。总之，合理选择变位系数有利于增大齿轮传动的承载能力、提高采煤机的工作性能。

实 验 报 告

实验名称：________________　　实验日期：________________

班级：________________　　姓名：________________

学号：________________　　同组实验者：________________

实验成绩：________________　　指导教师：________________

（一）实验目的

（二）实验设备及主要参数

1. 齿条形刀具的基本参数：

$m=$______，$\alpha=20°$，$h_a^*=1$，$c^*=0.25$

2. 被展成齿轮的基本参数：

$m=$______，$d=$______，$z=$______，$\alpha=$______，$h_a^*=$______，$c^*=$______

（三）实验结果

项　目	标准齿轮	变位齿轮
分度圆直径 d		
齿顶圆直径 d_a		
齿根圆直径 d_f		
基圆直径 d_b		
齿距 p		
基节 p_b		
分度圆齿厚 s		
分度圆齿槽宽 e		
变位系数 x		
齿形比较		

注："齿形比较"指定性地说明两个齿轮的顶圆齿厚和根圆齿厚的差别。

（四）齿轮展成图（画有展成齿形，并标注尺寸参数）

将齿轮展成图对折后，装订在本页中缝处。

（五）思考问答题

1. 实验中所观察到的根切现象发生在基圆之内还是在基圆之外？分析是由什么原因引起的？如何避免根切？

2. 在用齿条刀具加工齿轮过程中，刀具与轮坯之间的相对运动有何要求？

3. 用同一把齿条刀加工出来的标准齿轮和正变位齿轮，试定性分析以下参数 m、α、r、r_b、h_a、h_f、h、p、s、s_a 的异同，并解释原因。

4. 若加工负变位齿轮，其齿廓形状和主要尺寸参数是否会发生变化？如何发生变化？为什么？

5. 除了用齿条（刀具）变位的方法避免根切外，还有没有其他方法？

（六）实验心得、建议和探索

第 4 章　渐开线直齿圆柱齿轮参数的测定实验

4.1　概述

齿轮是机械传动中应用最广泛也是最重要的传动零件之一。齿轮机构的实际工作性能不仅与齿轮基本参数的设计有关，还取决于齿轮的加工质量。经机械加工及必要的热处理、表面处理后，齿廓曲线是否符合设计要求必须通过测量，且对测得的数据进行分析处理后才能评定。正确掌握渐开线圆柱齿轮参数的测定方法，对学习其他各种齿轮传动都有重要的作用。

4.2　预习作业

1. 直齿圆柱齿轮的基本参数有哪些？

2. 决定渐开线齿轮轮齿齿廓形状的参数有哪些？

3. 公法线千分尺使用中如何读数（实验前熟悉公法线千分尺读数方法）？

4. 何谓齿轮的测量公法线长度？标准齿轮的公法线长度 W_k 应如何计算？

5. 变位齿轮传动有哪些传动类型？其主要特征是什么？

4.3 实验目的

1）初步掌握用游标卡尺等工具测定渐开线圆柱齿轮基本参数的基本方法。

2）通过测量和计算，熟练掌握齿轮几何尺寸的计算方法，明确齿轮各几何参数之间的相互关系，加深对渐开线性质的理解和认识。

3）掌握渐开线标准直齿圆柱齿轮与变位齿轮的判别方法。

4）了解变位后对轮齿尺寸产生的影响。

4.4 实验内容

单个渐开线直齿圆柱齿轮的基本参数有：齿数 z、模数 m、齿顶高系数 h_a^*、顶隙系数 c^*、分度圆压力角 α、变位系数 x。一对渐开线直齿圆柱齿轮啮合的基本参数有：啮合角 α'、中心距 a。齿轮的基本参数决定了其几何尺寸的大小。通过对几何尺寸的测量，即可确定齿轮的基本参数。

本实验的任务主要是运用公法线千分尺或游标卡尺对模数制直齿圆柱齿轮进行测量，通过计算与比较，测定出单个齿轮与成对齿轮的基本参数，并计算出齿轮的各几何尺寸。

4.5 实验设备及工作原理

1. 实验设备

1）渐开线圆柱齿轮一对（奇数齿和偶数齿各一个）。

2）公法线千分尺和游标卡尺。

3）自备计算器及纸、笔等文具。

2. 公法线千分尺工作原理

公法线千分尺主要用来测量模数大于 1 的外啮合圆柱直齿轮或斜齿轮两个不同齿面的公法线长度，其读数精度为0.01mm。图 4-1 所示为公法线千分尺测量示意图。为了便于伸入齿间进行测量，量爪做成碟形。除此之外，公法线千分尺的结构及使用方法均与外径千分尺相同。

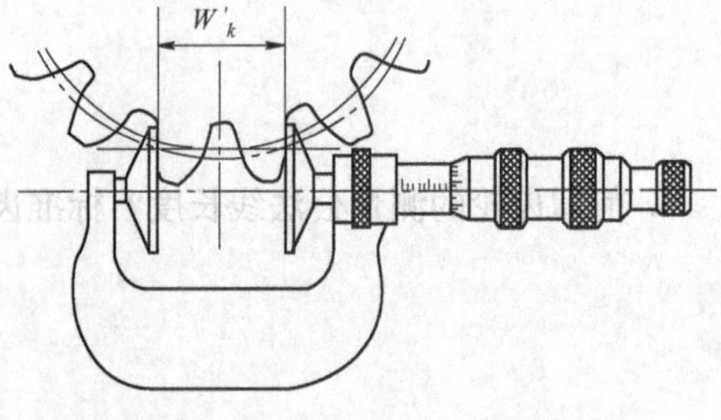

图 4-1　公法线千分尺测量示意图

用公法线千分尺测量时，应注意量爪与齿面接触的位置。如图 4-2 所示，图 a 中两个量爪与齿面在分度圆附近与渐开线相切，位置正确；图 b 中两量爪接触位置在齿顶齿根处，因齿顶齿根修缘，常常不是渐开线，测量结果可能不准确。图 c、d 中两量爪接触位置远离分度圆，测量结果错误。

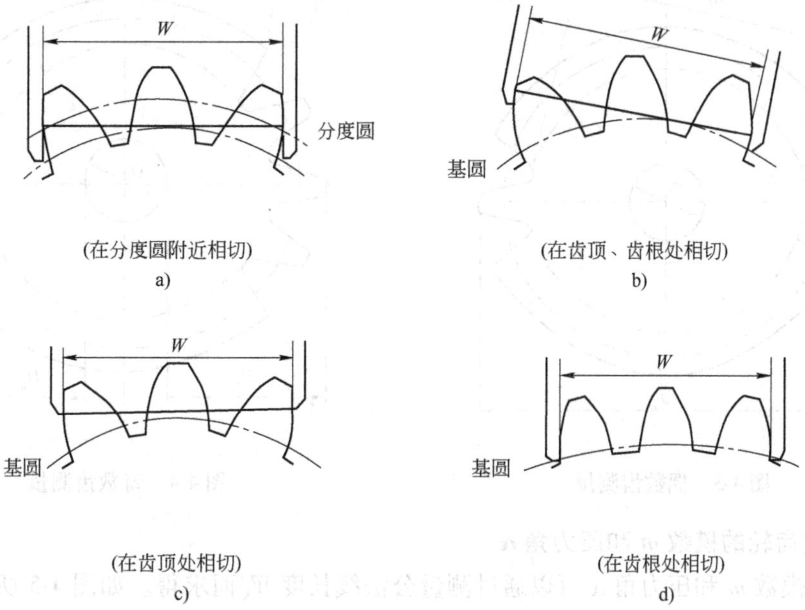

图4-2　公法线千分尺测量时量爪接触位置

a）正确　b）不好　c）、d）错误

4.6　实验方法及步骤

1. 确定齿轮齿数 z

直接数出一对被测齿轮的齿数 z_1 和 z_2。

2. 测定齿轮齿顶圆直径 d_a 和齿根圆直径 d_f

齿轮齿顶圆直径 d_a 和齿根圆直径 d_f 可用游标卡尺测出。为了减少测量误差，同一测量值应在不同位置测量三次（每隔120°测量一次），然后取平均值。

1）当被测齿轮为偶数齿时，齿顶圆直径 d_a 和齿根圆直径 d_f 可直接用游标卡尺测定，如图4-3所示。

2）当被测齿轮为奇数齿时，必须采用间接测量法求得齿顶圆直径 d_a 和齿根圆直径 d_f。如图4-4所示；分别测出齿轮安装孔直径 D、安装孔壁到某一齿齿根的距离 H_2，另一侧安装孔壁到某一齿齿顶的距离 H_1，然后用下述公式计算出齿顶圆直径 d_a 和齿根圆直径 d_f

$$d_a = D + 2H_1$$

$$d_f = D + 2H_2$$

3. 计算全齿高 h

1）当被测齿轮为偶数齿时，全齿高 $h = (d_a - d_f)/2$。

2）当被测齿轮为奇数齿时，全齿高 $h = H_1 - H_2$。

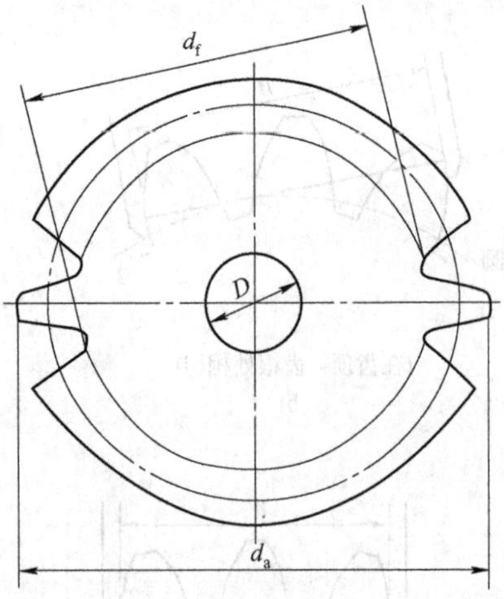

图 4-3 偶数齿测量

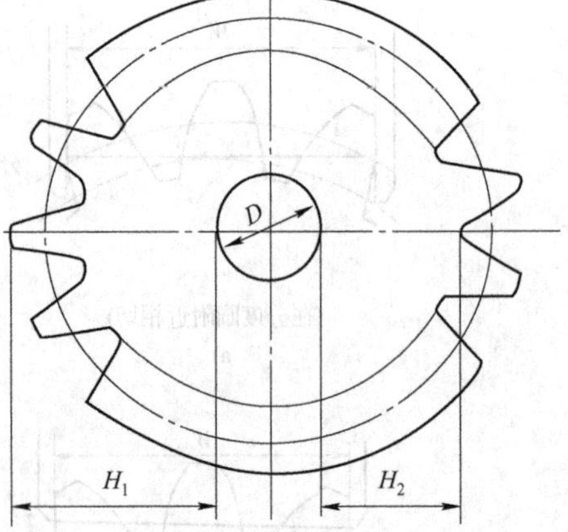

图 4-4 奇数齿测量

4. 确定齿轮的模数 m 和压力角 α

齿轮的模数 m 和压力角 α 可以通过测量公法线长度 W_k' 而求得。如图 4-5 所示，若公法线千分尺在被测齿轮上跨 k 个齿，其公法线长度为

$$W_k = (k-1)P_b + s_b$$

同理，若跨 $k+1$ 个齿，其公法线长度则应为

$$W_{k+1} = kp_b + s_b$$

所以 $$W_{k+1} - W_k = p_b - W_k = p_b \tag{4-1}$$

又因 $$p_b = p\cos\alpha = \pi m\cos\alpha$$

所以

$$m = \frac{p_b}{\pi\cos\alpha} \tag{4-2}$$

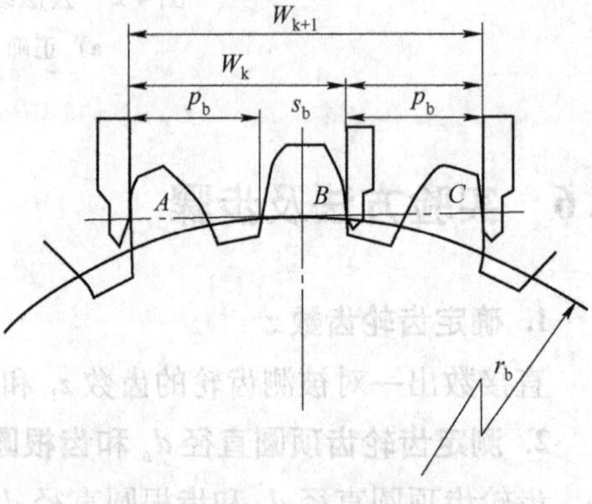

图 4-5 齿轮公法线长度的测量

式中 p_b 为齿轮的基圆齿距，可由测量得到的公法线长度 W_{k+1}' 和 W_k' 代入式（4-1）求得。α 可为 15°或 20°，故分别将 15°和 20°代入式（4-2）算出两个模数，取其最接近标准值的一组 m 和 α，根据表 4-1 查出标准模数，即为所求齿轮的模数和压力角。

表 4-1 基圆齿距表

m	p_b		m	p_b		m	p_b	
	20°	15°		20°	15°		20°	15°
1	2.205	3.035	4	11.300	12.137	7	20.665	21.241
2	5.904	6.090	5	14.761	15.172	8	23.617	24.275
3	8.856	9.104	6	17.237	18.207	9	26.569	27.301

公法线长度 W_k' 的具体测量方法如下：

（1）确定跨齿数 为使量具的测量面与被测齿轮的渐开线齿廓相切，所需的跨齿数 k

不能随意定，它受齿数、压力角、变位系数等多种因素的影响，实验时可参照表 4-2 初步确定。

表 4-2　跨齿数 k 选择对照表

z	12~18	19~27	28~36	37~45	46~54	55~63	64~72
k	2	3	4	5	6	7	8

（2）测量公法线长度 W_k' 和 W_{k+1}'　用公法线千分尺在被测齿轮上跨 k 个齿量出其公法线长度 W_k'。为减少测量误差，W_k' 值应在齿轮圆周不同部位上重复测量三次，然后取算术平均值。用同样方法跨（$k+1$）个齿量出公法线长度 W_{k+1}'。考虑到齿轮公法线长度变动量的影响，测量 W_k' 和 W_{k+1}' 值时，应在齿轮三个相同部位进行。

5. 确定齿轮的变位系数 x

齿轮的变位系数可由下述两种方法确定：

1）通过比较公法线长度测量值 W_k' 和理论计算值 W_k 确定。由于齿轮的 m、z、α 已知，所以公法线长度的理论值可从标准齿轮公法线长度表中查得或利用式（4-3）计算

$$W_k = m[2.9521(k-0.5)+0.014z] \tag{4-3}$$

若公法线长度的测量值 W_k' 与理论计算值 W_k 相等，则说明被测齿轮为标准齿轮，其变位系数 $x=0$。

若 $W_k' \neq W_k$，则说明被测齿轮为变位齿轮。因变位齿轮的公法线长度与标准齿轮的公法线长度的差值等于 $2xm\sin\alpha$，故变位系数可由式（4-4）求得

$$x = \frac{W_k' - W_k}{2m\sin\alpha} \tag{4-4}$$

变位系数的计算值要圆整到小数点后一位数，并由此判断被测齿轮是何种类型（考虑到公法线长度上齿厚减薄量的影响，比较判定时可将测量值 W_k' 加上一个补偿量 $\Delta S=0.1\sim0.25$mm）。

2）由基圆齿厚公式计算确定。由基圆齿厚计算式

$$s_b = s\cos\alpha + 2r_b\mathrm{inv}\alpha = m\left(\frac{\pi}{2}+2x\tan\alpha\right)\cos\alpha + 2r_b\mathrm{inv}\alpha$$

得

$$x = \frac{\dfrac{s_b}{m\cos\alpha} - \dfrac{\pi}{2} - z\mathrm{inv}\alpha}{2\tan\alpha} \tag{4-5}$$

式中 s_b 可由前述公法线长度公式求得。即

$$s_b = W_{k+1} - kp_b \tag{4-6}$$

将式（4-6）代入式（4-5）即可求出齿轮的变位系数 x_1、x_2。求出的变位系数要圆整到小数点后一位数，并判断该齿轮属于何种类型。

6. 确定齿轮的齿顶高系数 h_a^* 和顶隙系数 c^*

齿轮的齿顶高系数 h_a^* 和顶隙系数 c^* 可根据齿根高确定。齿根高的计算公式为

$$h_f = m(h_a^* + c^* - x) = \frac{mz - d_f}{2} \tag{4-7}$$

由式（4-7）可得

$$h_a^* + c^* = [(mz - d_f)/2m] + x$$

（1）当 $h_a^* + c^* = 1.25$ 时，则该齿轮为正常齿，其中 $h_a^* = 1$，$c^* = 0.25$。

（2）当 $h_a^* + c^* = 1.1$ 时，则该齿轮为短齿，其中 $h_a^* = 0.8$，$c^* = 0.3$。

7. 确定一对相互啮合齿轮的啮合角 α' 和中心距 a'

首先判定一对测量齿轮能否相互啮合，若满足正确啮合条件，则将该对齿轮做无齿侧间隙啮合，用游标卡尺直接测量齿轮的孔径 d_{k1}、d_{k2} 及尺寸 b（测定方法如图 4-6 所示），由式（4-8）可得齿轮的测量中心距 a'

$$a' = b + \frac{1}{2}(d_{k1} + d_{k2}) \tag{4-8}$$

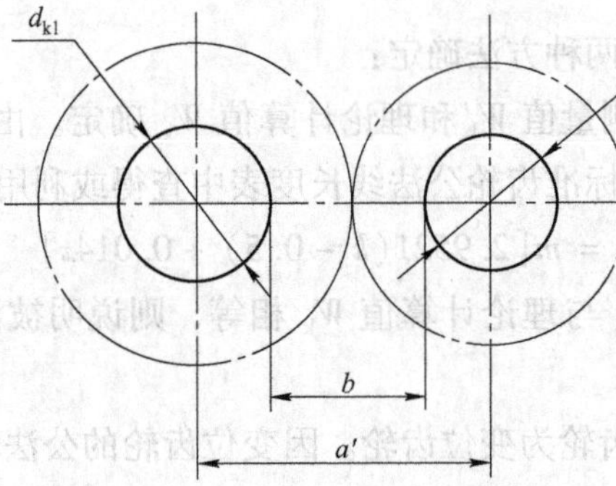

图 4-6　中心距 a' 的测量

然后用式（4-9）计算啮合角 α'。分别将实际中心距 a' 与标准中心距 a，啮合角 α' 与标准压力角 α 加以对照，分析该对齿轮组成的传动类型及特征。

$$\alpha' = \arccos\left[\frac{m(z_1 + z_2)\cos\alpha}{2a'}\right] \tag{4-9}$$

4.7　实验小结

1. 注意事项

1）当测量公法线长度时，必须保证卡尺与齿廓渐开线相切，若卡入 $k+1$ 齿时不能保证这一点，须调整卡入齿数为 $k-1$，而 $P_b = W'_k - W'_{k+1}$。

2）当测量齿轮的几何尺寸时，应选择不同位置测量 3 次，取其平均值作为测量结果。

3）测量尺寸至少应精确到小数点后两位。

4）由测量尺寸计算确定的齿轮基本参数 m、α、h_a^*、c^* 必须圆整为标准值。

2. 常见问题

1）若实验前忘记将游标卡尺与公法线千分尺的初读数调整为零，会影响测量结果，应设法修正。

2）若齿轮被测量的部位选择在粗糙或有缺陷之处，可能会影响测量结果的准确性。

4.8 工程实践

齿轮作为机械设备一个非常重要的传动零件，在汽车、拖拉机、机床、航空以及轻工机械中得到广泛应用。齿轮质量的好坏在相当程度上将直接影响整机工作性能的发挥。

1. 工程背景

在工业生产中，经常会遇到这样的情况：某台机器设备中的齿轮损坏需要配制或在无图纸和相关技术资料的情况下根据实物反求设计齿轮。此时就需要根据齿轮实物用一定的测量仪器和工具进行齿轮尺寸测量，以推测和确定齿轮的基本参数，计算齿轮的几何尺寸，画出齿轮的技术图纸，从而能够加工制造出所需齿轮。

然而，生产实际中齿轮种类很多，就直齿圆柱齿轮来说就有模数制和径节制之分，有正常齿与短齿两种不同齿制，还有标准齿轮与变位齿轮不同的类型，压力角的标准值也有 20°与其他值之别，这些都给实际齿轮参数测定带来一定的困难。实际测量中应首先了解设备的生产时间、生产单位、设备用途及齿轮所处位置等情况，对齿轮的类型、齿制等做出初步的分析。

2. 齿轮参数测量新方法

由于齿轮形状复杂，测量参数较多，因此齿轮测量一直是几何参数测量中的难点，对测量人员的要求也较高。对于一个未知齿轮，其参数测量的传统方法主要是依靠游标卡尺等手工测量工具，对测出的数据进行计算，并得出该齿轮的模数、压力角等参数值。这种测量方法劳动强度大、工作效率低、人为误差较大、测量精度低。

（1）数字图像处理技术的应用　利用机器视觉和图像处理技术手段，实现渐开线齿轮参数的自动化测量，成为降低人体强度，提高工作效率和测量精度的有效方法。这种方法可以代替人工判读，减小机械本身的读数误差、瞄准误差、因工作疲劳引起的人员视觉误差以及测量者固有习惯引起的读数误差等。在保证测量精度，提高测量效率的基础上，进一步提高齿轮测量的应用水平。

近年来，利用数字图像处理技术对齿轮几何尺寸进行非接触式测量得到了很好的发展和应用，其具有非接触、高速度、动态范围大、信息量丰富等优点；需要光学照明系统、CCD 摄像机、图像采集系统、计算机及相应的软件设备等。

（2）三坐标测量机的应用　近几年发展起来的三坐标测量机已广泛用于机械制造、电子、汽车和航空航天等工业中。工程技术人员利用三坐标测量机开发了一套渐开线圆柱直齿轮的参数测量软件，在原有测量软件 PC-DMIS 的基础上开发出齿轮测量模块，能快速测量出未知参数的渐开线齿轮的模数、压力角、变位系数等理论参数，对齿轮的反求具有重要的意义，具有方便、快捷、精度高等优点。软件采用 VC + + 作为开发工具，界面简单，操作方便。

基于三坐标测量机结合渐开线方程，通过对异常测点处理、构造更有利于计算的迭代公式，更精确地测出齿轮的基圆半径，并进一步对其他参数实现测量。渐开线齿轮参数的算法框图如图 4-7 所示。该方法实用性较强，不但能测量完整齿轮的参数，而且能对不完整的齿轮进行测量，是一种先进的测量手段，能广泛地运用到现实测绘中。

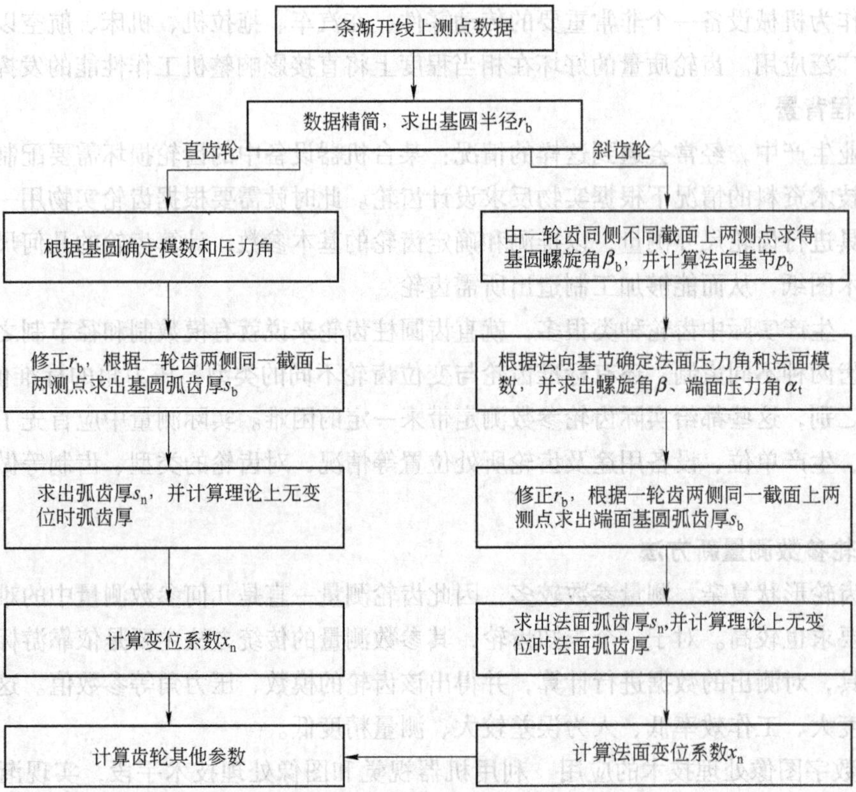

图 4-7　渐开线齿轮参数的算法框图

实验报告

实验名称：________________　　实验日期：________________

班级：________________　　姓名：________________

学号：________________　　同组实验者：________________

实验成绩：________________　　指导教师：________________

（一）实验目的

（二）实验用具

（三）实验结果

1. 齿顶圆 d_a、齿根圆 d_f、全齿高 h 测量结果

齿轮	偶数齿轮				奇数齿轮			
齿数 z								
跨齿数 k								
测量次数	1	2	3	平均值	1	2	3	平均值
齿根圆直径 d_f								
齿顶圆直径 d_a								
全齿高 h								

2. 公法线长度 W_k'、基节 p_b、模数 m、压力角 α 测量结果

齿轮	偶数齿轮				奇数齿轮			
测量次数	1	2	3	平均值	1	2	3	平均值
W_k'								
W_{k+1}'								
基节 p_b								
模数 m								
压力角 α								

3. 变位齿轮的判定

齿轮	偶数齿轮	奇数齿轮
W_k		
W_k'		
变位系数 x		
结论		

4. 齿顶高系数 h_a^* 和顶隙系数 c^*

齿轮	偶数齿轮	奇数齿轮
齿顶高系数 h_a^*		
顶隙系数 c^*		
结论		

5. 实际中心距 a' 和啮合角 α'

齿轮	偶数齿轮	奇数齿轮
标准中心距 a		
实际中心距 a'		
啮合角 α'		
结论	实际中心距 a'　　标准中心距 a 啮合角 α'　　标准压力角 α	

（四）思考问答题

1. 测量齿轮公法线长度的公式 $W_k = (k-1)P_b + s_b$ 是根据渐开线的什么性质推导而得？

2. 测量齿轮公法线长度时，为何要对跨齿数 k 提出要求？

3. 能否根据齿顶圆、齿根圆直径大小来判定是标准齿轮还是变位齿轮？为什么？

4. 当分度圆上的压力角 α 及齿顶高系数 h_a^* 的大小未知时，那么本实验的参数能否测定？如何来测定？

5. 在测量 d_a 和 d_f 时，对偶数齿与奇数齿的齿轮在测量方法上有何不同？

6. 根据测定的齿轮参数，如何判断其能否正确啮合？若能，怎样判别其传动类型？

7. 在测量一对啮合齿轮的参数时，两齿轮做无齿侧间隙啮合，分析此时两轮齿顶间隙是否为标准值 c^*m？为什么？

（五）实验心得、建议和探索

第 5 章 机构测试、仿真及设计综合实验

5.1 概述

现代机械原理课程教学中，越来越注重对学生进行创新意识和创新能力的培养，注重对学生综合分析问题及解决问题能力的培养，注重基本理论与实践过程的有机结合。本实验正是基于此目的所开设的。实验内容涵盖了机构设计、机构运动分析、机械运转及速度波动调节及机构平衡等教学内容，利用计算机仿真技术与实际机构测量相结合的实验手段，对机械原理课程的主要内容进行了系统、综合的实验环节训练。

5.2 预习作业

1. 凸轮机构从动件常用运动规律有哪些？各具有什么特点？

2. 四杆机构满足怎样的条件才能成为曲柄摇杆机构？

3. 何谓机械运动速度不均匀系数？

4. 平面机构平衡常用什么方法？

5.3　实验目的

1）利用计算机对平面机构结构参数进行优化设计，并且实现对该机构的运动进行仿真和测试分析，从而了解机构结构参数对运动情况的影响。

2）利用计算机对实际平面机构进行动态参数采集和处理，作出实测的机构动态运动和动力参数曲线，并与相应的仿真曲线进行对照，从而实现理论与实际的紧密结合。

3）利用计算机对机构进行平衡设置和调节，观察其运动不均匀状况和振动情况，进一步掌握平衡的意义和方法。

4）通过对平面机构中某一构件的运动、动力情况分析测定及整个机构运动波动及振动情况的测定分析，锻炼对于一般机械运动问题进行综合分析的能力。

5.4　实验设备及仪器

本实验所用仪器有三种类型。

1. ZNH-A/1 曲柄导杆滑块机构多媒体测试、仿真、设计综合实验台

该实验台的测试机构，其中一种形式为曲柄导杆滑块机构（见图 5-1），还可拆装成曲柄滑块机构（图 5-2）形式。

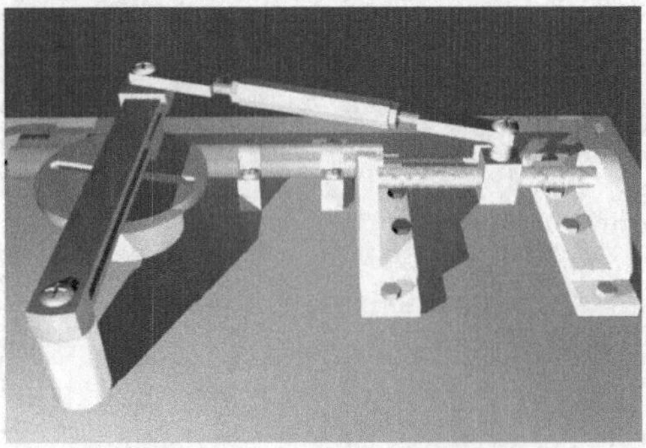

图 5-1　导杆滑块机构实验台

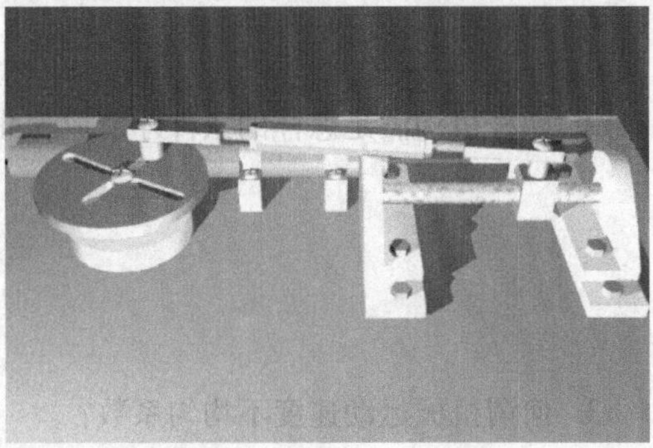

图 5-2　曲柄滑块机构实验台

2. ZNH-A/3 凸轮机构多媒体测试、仿真、设计综合实验台

该实验台的测试机构，其中一种形式为盘形凸轮机构（图 5-3），并配有四个不同运动规律的测试凸轮；另一种形式为圆柱凸轮机构（图 5-4）。

其中，四个盘形凸轮的主要技术参数为：

1）凸轮 1。推程为等速运动规律，回程为改进等速运动规律。基圆半径 r_0 = 40mm，滚子半径 r_r = 7.5mm，推杆升程 h = 15mm，偏心距 e = 5mm，推程运动角 $\varphi_0 = 150°$，远休止角 $\varphi_s = 30°$，回程运动角 $\varphi_0' = 120°$。

2）凸轮 2。推程为等加速等减速运动规律，回程为改进等加速等减速运动规律。基圆半径 r_0 = 40mm，滚子半径 r_r = 7.5mm，推杆升程 h = 15mm，偏心距 e = 5mm，推程运动角

$\varphi_0=150°$，远休止角 $\varphi_s=30°$，回程运动角 $\varphi_0'=120°$。

3）凸轮 3。推程为改进正弦加速运动规律，回程为正弦加速运动规律。基圆半径 $r_0=40\text{mm}$，滚子半径 $r_r=7.5\text{mm}$，推杆升程 $h=15\text{mm}$，偏心距 $e=0\text{mm}$，推程运动角 $\varphi_0=150°$，远休止角 $\varphi_s=0°$，回程运动角 $\varphi_0'=150°$。

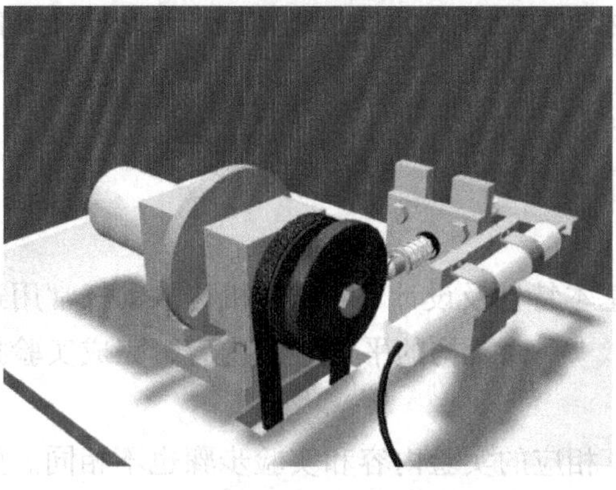
图 5-3　盘形凸轮机构实验台

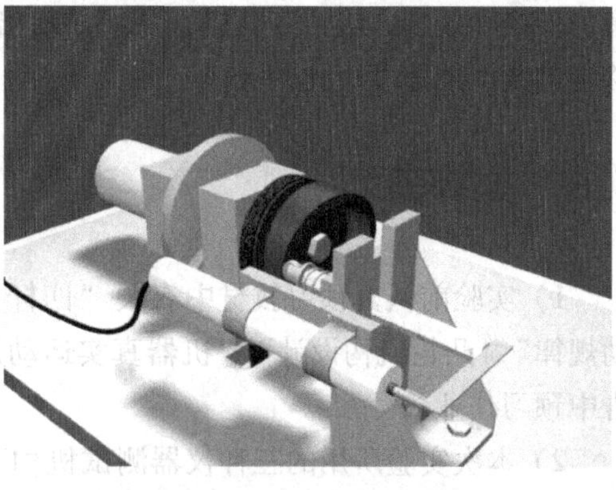
图 5-4　圆柱凸轮机构实验台

4）凸轮 4。推程为 3-4-5 多项式运动规律，回程为余弦加速运动规律。基圆半径 $r_0=40\text{mm}$，滚子半径 $r_r=7.5\text{mm}$，推杆升程 $h=15\text{mm}$，偏心距 $e=5\text{mm}$，推程运动角 $\varphi_0=150°$，远休止角 $\varphi_s=30°$，回程运动角 $\varphi_0'=120°$。

圆柱凸轮的主要技术参数为：推程为等速运动规律，回程为改进等速运动规律。基圆半径 $r_0=40\text{mm}$，滚子半径 $r_r=8\text{mm}$，推杆升程 $h=15\text{mm}$，偏心距 $e=0\text{mm}$，推程运动角 $\varphi_0=150°$，远休止角 $\varphi_s=30°$，回程运动角 $\varphi_0'=120°$。

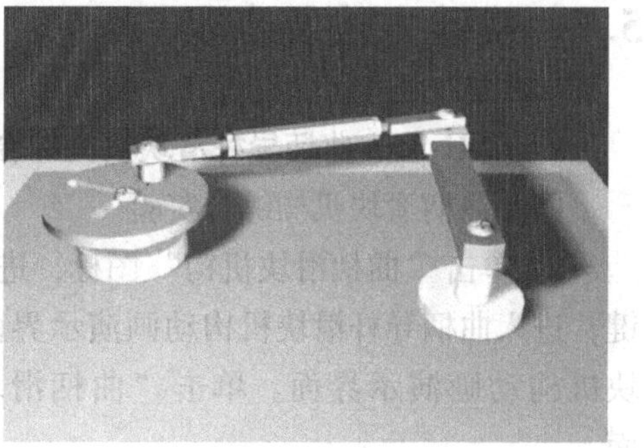
图 5-5　曲柄摇杆机构实验台

3. ZNH-A/2 曲柄摇杆机构多媒体测试、仿真、设计综合实验台

该实验台的测试机构如图 5-5 所示。

5.5　实验原理

在连杆机构中，当原动件为连续的回转运动，输出运动的从动件为往复运动时，若满足一定的构件尺寸条件，机构可能存在急回运动特性。反之，根据急回运动特性的要求，可以设计出一定杆长尺寸的四杆机构。连杆机构虚拟设计系统可以通过对话框输入急回特性系数、摇杆摆角或滑块行程、偏距等尺寸参数，设计出一组满足运动性能要求的构件尺寸。通过数学模型计算得出曲柄真实运动规律，及从动摇杆或滑块的位移、速度、加速度变化规律，以及机构质心的速度和加速度变化规律。通过实验台传感器和 A-D 转换器进行数据采集及转换和处理，输入计算机，从而显示出实测机构中原动曲柄的运动情况及从动摇杆或滑块的速度、加速度变化情况及机构质心速度、加速度变化情况。

在凸轮机构中，当确定了基圆尺寸、推杆位置和尺寸以及运动规律后，可以确定其凸轮的轮廓形状。凸轮机构虚拟设计系统可以通过对话框输入凸轮机构的公称尺寸和从动件运动规律，设计出相应的凸轮轮廓形状。通过数学模型计算得出凸轮真实运动规律并进行速度波动调节计算和推杆位移、速度、加速度变化曲线。通过实验台传感器和A-D转换器进行采集、转换和处理，输入计算机，从而显示出实测机构中凸轮转角的运动情况和从动推杆的位移、速度、加速度变化情况。

5.6 实验要求

1）实验前认真预习教材中有关“四杆机构基本特性及设计”“凸轮机构从动杆常用运动规律”“凸轮机构设计”“机器真实运动规律”“平面机构的平衡”等内容，完成实验报告中预习作业。

2）本次实验所用的三种仪器测试机构不同，相应的实验内容和实验步骤也不相同。要求每个学生完成其中一种类型的实验内容。

5.7 实验方法及步骤

1. ZNH-A/1曲柄导杆滑块机构综合实验

（1）曲柄滑块机构综合实验

1）单击“曲柄滑块机构”图标，进入机构运动综合实验台软件系统界面。单击鼠标左键，进入曲柄导杆滑块机构动画演示界面。单击界面上“曲柄滑块机构”键，进入曲柄滑块机构动画演示界面。单击“曲柄滑块机构”键，进入曲柄滑块机构原始参数输入界面。

2）在曲柄滑块机构原始参数输入界面，单击“滑块机构设计”键，弹出设计方法选框。单击所选定的“设计方法一”或“设计方法二”，弹出设计对话框，输入相应的设计参数，待计算结果出来后，单击“确定”。将设计参数和计算结果记录在实验报告格式Ⅱ所列表格的相应栏内。

3）按照设计类型，将实验台测试机构拆装成图5-2所示的曲柄滑块机构，并根据设计尺寸，调整测试机构中各构件的尺寸长度。

4）起动实验台的电动机，待机构运转平稳后，测定电动机的电流和电压，计算出电动机的功率，将数据填入参数输入界面的对应参数框内。

5）在曲柄滑块机构原始参数输入界面，单击“曲柄运动仿真”键，进入曲柄运动仿真与测试界面，分别进行仿真和实测，并记录相应的运动曲线和实验结果。记录完毕，返回曲柄滑块机构原始参数输入界面。

6）在曲柄滑块机构原始参数输入界面，单击“滑块运动仿真”键，进入滑块运动仿真与测试界面，分别进行仿真和实测，并记录相应的运动曲线和实验结果。记录完毕，返回曲柄滑块机构原始参数输入界面。

7）在曲柄滑块机构原始参数输入界面，单击“机架振动仿真”键，进入机架振动仿真与测试界面，分别进行仿真和实测，并记录相应的运动曲线和实验结果。记录完毕，返回曲柄滑块机构原始参数输入界面。在原始参数输入界面设置平衡块质量 M_{P1}，调整平衡块向径 L_{AP1}，将数据填入对应的参数框内。重新进行“机架振动仿真”，观察实验情况，反复调整设置参数，使实验结果尽可能改善，记录相应的运动曲线和实验结果。记录完毕，返回曲柄滑块机构原始参数输入界面。

8）在曲柄滑块机构原始参数输入界面，单击“连杆运动轨迹”键，进入连杆运动轨迹界面，分别选择图 5-6 所示图形之一，进行运动轨迹仿真，不断调整输入的尺寸数据，观察实验曲线形状，直至与选定图形相似。记录相应的运动曲线和尺寸数据。记录完毕，退出机构综合实验系统。

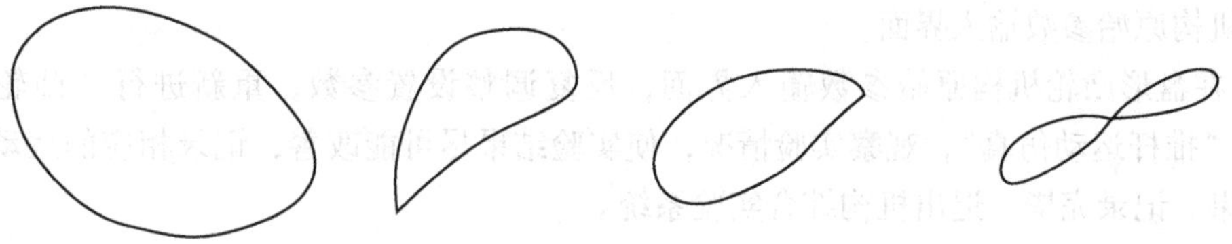

图 5-6　连杆曲线

（2）曲柄导杆滑块机构综合实验

1）单击“曲柄滑块机构”图标，进入机构运动综合实验台软件系统界面。单击鼠标左键，进入曲柄导杆滑块机构动画演示界面。单击界面上“导杆滑块机构”键，进入曲柄导杆滑块机构原始参数输入界面。

2）在曲柄导杆滑块机构原始参数输入界面，计算机将设计好的尺寸参数自动输入相应的参数框内。对照设计类型，将实验台测试机构拆装成图 5-1 所示的曲柄导杆滑块机构，并根据尺寸参数，调整测试机构中各构件的尺寸长度。

3）起动实验台的电动机，待机构运转平稳后，测定电动机的电流和电压，计算出电动机的功率，将数据填入参数输入界面的对应参数框内。

4）在曲柄导杆滑块机构原始参数输入界面，分别单击“曲柄运动仿真”、“滑块运动仿真”、“机架振动仿真”键，进入相应的运动仿真与测试界面，观察实验结果。实验完毕，退出机构综合实验系统。

2. ZNH-A/3 凸轮机构多媒体测试、仿真、设计综合实验

（1）盘形凸轮机构综合实验

1）单击“凸轮机构”图标，进入机构运动综合实验台软件系统界面。单击鼠标左键，进入盘形凸轮机构动画演示界面。单击界面上“盘形凸轮”键，进入盘形凸轮机构原始参数输入界面。

2）在盘形凸轮机构原始参数输入界面，单击“凸轮机构设计”键，弹出设计对话框，任选一个测试盘形凸轮，根据其技术参数选择出相应的推程和回程的运动规律及尺寸参数，待计算结果出来后，单击“确定”。将原始参数和计算结果填写在实验报告格式Ⅰ所列表格的相应栏内。

3）按照设计选定的测试凸轮，将实验台上的测试凸轮换成所选定的盘形凸轮，按照图 5-3 所示结构，并根据设计尺寸，调整测试机构中各构件的尺寸长度。

4）起动实验台的电动机，待机构运转平稳后，测定电动机的电流和电压，计算出电动机的功率，将数据填入参数输入界面的对应参数框内。

5）在盘形凸轮机构原始参数输入界面，单击“凸轮运动仿真”键，进入凸轮运动仿真与测试界面，分别进行仿真和实测，并记录相应的运动曲线和实验结果。记录完毕，返回盘形凸轮机构原始参数输入界面。

6）在盘形凸轮机构原始参数输入界面，单击“推杆运动仿真”键，进入推杆运动仿真与测试界面，分别进行仿真和实测，并记录相应的运动曲线和实验结果。记录完毕，返回盘形凸轮机构原始参数输入界面。

7）在盘形凸轮机构原始参数输入界面，反复调整设置参数，重新进行“凸轮运动仿真”和“推杆运动仿真”，观察实验情况，使实验结果尽可能改善，记录相应的运动曲线和实验结果。记录完毕，退出机构综合实验系统。

（2）圆柱凸轮机构综合实验

1）单击“凸轮机构”图标，进入机构运动综合实验台软件系统界面。单击鼠标左键，进入盘形凸轮机构动画演示界面。单击界面上“圆柱凸轮”键，进入圆柱凸轮机构原始参数输入界面。

2）在圆柱凸轮机构原始参数输入界面，单击“凸轮机构设计”键，弹出设计对话框，按照测试圆柱凸轮的技术参数选择出相应的推程和回程的运动规律及尺寸参数，待计算结果出来后，单击“确定”，计算机将自动将计算结果原始参数填写在参数输入界面的对应参数框内。

3）按照设计选定的测试圆柱凸轮，将实验台上的测试凸轮换成所选定的圆柱凸轮，按照图 5-4 所示结构，并根据设计尺寸，调整测试机构中各构件的尺寸长度。

4）起动实验台的电动机，待机构运转平稳后，测定电动机的电流和电压，计算出电动机的功率，将数据填入参数输入界面的对应参数框内。

5）在圆柱凸轮机构原始参数输入界面，分别单击“凸轮运动仿真”和“推杆运动仿真”键，进入相应的运动仿真与测试界面，观察相应的运动曲线和实验结果。实验完毕，退出机构综合实验系统。

3. ZNH-A/2 曲柄摇杆机构多媒体测试、仿真、设计综合实验

1）单击“曲柄摇杆机构”图标，进入机构运动综合实验台软件系统界面。单击鼠标，进入曲柄摇杆机构动画演示界面。单击界面上“曲柄摇杆”键，进入四杆机构原始参数输入界面。

2）在四杆机构原始参数输入界面，单击“曲柄摇杆设计”键，弹出设计方法选框。单击所选定的“设计方法一”、“设计方法二”或“设计方法三”弹出设计对话框，输入相应的设计参数，待计算结果出来后，单击“确定”，将原始参数和计算结果填写在实验报告格式Ⅱ所列表格的相应栏内。

3）将实验台测试机构安装成图 5-5 所示的曲柄摇杆机构，并根据设计尺寸，调整测试机构中各构件的尺寸长度。

4）起动实验台的电动机，待机构运转平稳后，测定电动机的电流和电压，计算出电动机的功率，将数据填入参数输入界面的对应参数框内。

5）在四杆机构原始参数输入界面，单击“曲柄运动仿真”键，进入曲柄运动仿真与测试界面，分别进行仿真和实测，并记录相应的运动曲线和实验结果。记录完毕，返回四杆机构原始参数输入界面。

6）在四杆机构原始参数输入界面，单击“滑块运动仿真”键，进入滑块运动仿真与测试界面，分别进行仿真和实测，并记录相应的运动曲线和实验结果。记录完毕，返回四杆机构原始参数输入界面。

7）在四杆机构原始参数输入界面，单击“机架振动仿真”键，进入机架振动仿真与测试界面，分别进行仿真和实测，并记录相应的运动曲线和实验结果。记录完毕，返回四杆机构原始参数输入界面。在原始参数输入界面分别设置平衡块质量 M_{P1} 和 M_{P3}，调整平衡块向径 L_{AP1} 和 L_{AP3}，将数据填入对应的参数框内。重新进行“机架振动仿真”，观察实验情况，反复调整设置参数，使实验结果尽可能改善，记录相应的运动曲线和实验结果。记录完毕，返回四杆机构原始参数输入界面。

8）在四杆机构原始参数输入界面，单击“连杆运动轨迹”键，进入连杆运动轨迹界面，分别选择图 5-6 所示图形之一，进行运动轨迹仿真，不断调整输入的尺寸数据，观察实验曲线形状，直至与选定图形相似。记录相应的运动曲线和尺寸数据。记录完毕，退出机构综合实验系统。

5.8　实验小结

1. 注意事项

1）在熟知设备性能前，不要随意起动机器。

2）在给仪器设备加电前，应先确认仪器设备处于初始状态；加电后，应先使仪器设备由低速逐渐加载，保证设备的平稳运转，避免出现过大的冲击载荷。

2. 常见问题

1）原动件曲柄或凸轮的真实运动规律不是真正的匀速运动，仔细分析此现象产生的原因。

2）一个构件的运动仿真曲线和实测曲线并不相同，思考造成其差异的主要原因。

5.9　工程实践

在产品设计、研发阶段，需要利用计算机仿真、虚拟现实等相关技术对机构的运动、动力情况进行仿真和测试分析，从而了解机构结构参数对运动情况的影响。可大大缩短开发周期、节约设计成本、提高产品设计质量、降低劳动强度，实现产品的并行开发。

1. 飞行器控制系统设计与仿真平台

飞行器控制系统作为飞行器（图5-7）的神经中枢，其可靠性、稳定性及精确度是飞行器安全飞行和执行任务成功与否的重要保障。为保证飞行器的飞行航迹及飞行目标的准确性，对其在飞行过程中数据实时处理的要求越来越高，算法也越来越复杂。建立飞行器控制系统设计与仿真实验平台，可为飞行器的数字化设计及设计过程中的数字仿真与半实物仿真实验提供条件。

图5-7　飞行器

平台中的飞行动力学仿真主要用于转台控制。由于没有实际飞行过程，需要利用数学模型计算飞行器实际使用时的飞行轨迹，并解算出飞行器在实际飞行中的姿态。外接多轴转台通过运行平台的硬件接口接受这些信息，并产生相应的转动，体现出飞行器的飞行姿态。这时，与多轴转台固定连接的惯导系统就可以测量得到飞行器的姿态，处理后反馈给控制系统部分。因为使用了转台模拟，惯导系统的工作状态可以做到与实际使用条件基本一致。

在利用该平台进行设计和仿真的过程中，使用模型仿真的方法模拟产生GPS信号，供姿态控制系统参考使用。飞行器控制系统设计与仿真实验平台仿真是导航、制导与控制学科及相关学科的重要内容，它能够满足飞行器控制系统设计与仿真的要求，在航空航天领域的科研中发挥重要作用。

2. 多自由度减振平台

采用两平移两转动并联机构作为减振平台的主体结构，在并联机构原动件处辅以弹簧阻尼装置，构成弹性浮动支撑，改变平台固有频率、阻尼元件消耗和吸收平台振动能量，运用反向自适应原理，实现两平移、两转动、多自由度耦合振动衰减。

该减振平台虽然主体结构为复杂的多支路并联机构，但真正起主要减振作用的还是每条支路移动副滑块处的弹簧阻尼系统。由于移动副滑块运动时要克服摩擦力，且所需克服的摩擦力大小与并联机构反向驱动力大小成正比，而并联机构反向驱动力大小与上平台振动能量大小成正比，因此，阻尼部分可采用移动副摩擦阻尼，不需额外设计阻尼器。

两平移、两转动、多自由度减振平台的动态力学性能、稳定性、振动响应以及减振效果主要依赖其主体并联机构的拓扑结构和性能，因此，两平移、两转动、多自由度并联机构的拓扑结构设计和尺度参数设计是减振平台设计的首要问题。

为验证减振平台瞬时位姿下无阻尼固有频率理论分析是否正确，制作 ADAMS 仿真模型和试验样机模型，在动平台上施加冲击载荷进行仿真和试验分析。现以 z 方向平移为例进行讨论，沿 z 方向施加冲击波形为半正弦、脉冲宽度为 10ms，冲击幅值约为 120N，测得仿真加速度响应曲线。由于阻尼的存在，仿真和试验加速度共振频率值略大于无阻尼系统固有频率值是正确的。对其他方向进行仿真与试验分析得到的结论和 z 方向相同。将仿真和试验结果进行分析比较，结果表明动态模拟与试验结果一致，说明基于并联机构组合弹性阻尼减振装置设计理论的正确性和可行性，减振效果明显能满足提出的减振性能要求，而且结构简单，可推广解决其他多自由度减振问题。

实验报告

实验名称：________________　　实验日期：________________

班级：________________　　姓名：________________

学号：________________　　同组实验者：________________

实验成绩：________________　　指导教师：________________

（一）实验目的

（二）实验结果

凸轮机构综合实验（Ⅰ）

项目	参数或结果					
机构设计	选择设计参数			设计结果		
凸轮运动测试与仿真	推程运动规律			回程运动规律		
	运动仿真	曲线		运动测试	曲线	
		结果			结果	

（续）

项目	参数或结果					
	推程运动规律			回程运动规律		
推杆运动测试与仿真	运动仿真	曲线		运动测试	曲线	
		结果			结果	
调节	参数			凸轮运动仿真	结果	
	运动不均匀系数					

曲柄摇杆机构/曲柄滑块机构综合实验（Ⅱ）

项目	参数或结果			
机构设计	选择设计参数		设计结果	

（续）

项目	参数或结果					
曲柄运动测试与仿真	运动仿真	曲线		运动测试	曲线	
		结果			结果	
摇杆/滑块运动测试与仿真	运动仿真	曲线		运动测试	曲线	
		结果			结果	

（续）

项目	参数或结果					
机架振动测试与仿真	运动仿真	曲线		运动测试	曲线	
		结果			结果	
	调整	输入参数		结果		
连杆轨迹仿真	输入参数			轨迹曲线		

（三）思考问答题

1. 在曲柄滑块机构中，位移、速度、加速度的变化分别对哪个几何参数最敏感？

2. 在导杆滑块机构中，位移、速度、加速度的变化分别对哪个几何参数最敏感？

3. 从实验结果分析，对测试机构采取什么措施可减小其振动，保持良好的运动性能？

4. 说明几何参数的变化过程中，位移、速度、加速度曲线的基本形状有无发生根本性的变化。为什么？

（四）实验心得、建议和探索

第二篇　机械性能测试与分析实验

提高机械及其零部件的性能是提高机械产品质量的关键。机械设计和制造领域大量问题是综合性的，不少问题难以通过理论分析和纯数学定量，而必须用实验的方法解决。根据实验教学要求，本章主要介绍机械性能测试与分析所涉及的五个实验项目：螺栓连接特性分析实验、带传动的滑动和效率测定实验、滑动轴承特性分析实验、轴系结构创意设计及分析实验、减速器的拆装与结构分析实验。其目的是使学生对实验基本原理、装置、方法和技能有所了解、领会，进一步培养学生的综合设计能力与分析、解决实际问题的能力。

第 6 章　螺栓连接特性分析实验

6.1　概述

螺栓连接是机器中广泛采用的一种重要的连接形式，常为可拆连接。受预紧力和轴向工作载荷的螺栓连接中，常见的应用实例是流体传动中液压缸的法兰盘连接，汽车发动机中气缸盖与气缸体的连接（见图6-1）等。在日常生活中，螺栓组连接也有广泛应用，例如空调室外机的托架等。

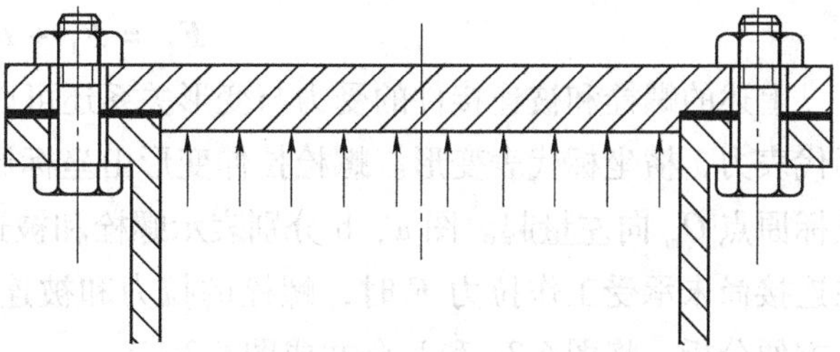

图6-1　气缸盖与气缸体的连接

可以通过哪些措施来提高螺栓的寿命？在机械设计中介绍了三种措施：①提高被连接件的刚度；②减小螺栓的刚度；③提高螺栓连接的预紧力。也可以同时采用上述三种措施。在预紧力给定的条件下，措施①、②将导致螺栓连接残余预紧力的减小，这对有密封要求的连接是必须考虑的；措施③会引起螺栓静强度的减弱。上述结论是否正确？通过本实验来观察、分析螺栓的连接特性。

承受预紧力和工作拉力的紧螺栓连接是最常见的一种连接形式，这种紧螺栓连接承受轴向拉伸工作载荷后，由于螺栓和被连接件的弹性变形，螺栓所受的总拉力并不等于预紧力和工作拉力之和。根据理论分析，螺栓的总拉力除了与预紧力 $\boldsymbol{F}_0$ 和工作拉力 $\boldsymbol{F}$ 有关外，还受到螺栓刚度 C_b 和被连接件刚度 C_m 等因素的影响。当应变在弹性范围之内时，各零件的受力可根据静力平衡关系和变形协调条件求出。图6-2 所示为单个螺栓连接在承受轴向拉伸载荷前后的受力及变形情况。

图 6-2a 所示为螺母刚好拧到和被连接件相接触但尚未拧紧的理想状态。此时，螺栓和被连接件均未受力，因此无变形发生。

图 6-2b 所示为螺母已拧紧，但尚未承受工作载荷。此时，螺栓受预紧力 $\boldsymbol{F}_0$ 的拉伸作用，其伸长量为 λ_b；而被连接件则在力 $\boldsymbol{F}_0$ 的作用下被压缩，其压缩量为 λ_m。

图 6-2c 所示为连接承受工作载荷时的情况。此时若螺栓和被连接件的材料在弹性变形范围内，则两者的受力与变形关系符合胡克定律。当螺栓承受工作载荷后，因其所受的拉力由 $\boldsymbol{F}_0$ 增大至 $\boldsymbol{F}_2$ 而继续伸长，其伸长量增加 $\Delta\lambda$，总伸长量为 $\lambda_b+\Delta\lambda$。与此同时，原来被压缩的被连接件则因螺栓伸长而被放松，其压缩量也随着减小。根据连接的变形协调条件，被连接件压缩变形的缩小量应等于螺栓拉伸变形的增加量 $\Delta\lambda$。因而，总压缩量为 $\lambda'_m=\lambda_m-\Delta\lambda$。而被连接件的压力由 $\boldsymbol{F}_0$ 减少至 $\boldsymbol{F}_1$（残余预紧力）。

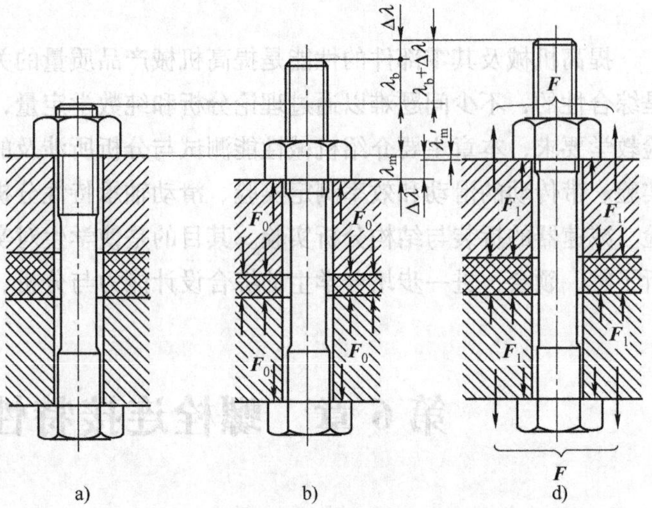

图 6-2　螺栓和被连接件受力变形图

a）螺母未拧紧　b）螺母已拧紧　c）已承受工作载荷

显然，连接受载后，由于预紧力的变化，螺栓的总拉力 $\boldsymbol{F}_2$ 并不等于预紧力 $\boldsymbol{F}_0$ 与工作拉力 $\boldsymbol{F}$ 之和，而等于残余预紧力 $\boldsymbol{F}_1$（为保证连接的紧密性，应使 $\boldsymbol{F}_1>0$）与工作拉力 $\boldsymbol{F}$ 之和。即

$$\boldsymbol{F}_2=\boldsymbol{F}_1+\boldsymbol{F}$$

上述的螺栓和被连接件的受力与变形关系还可以用线图表示，如图 6-3 所示。图中纵坐标代表力，横坐标代表变形。螺栓拉伸变形由坐标原点 O_b 向右量起；被连接件压缩变形由坐标原点 O_m 向左量起。图 a、b 分别表示螺栓和被连接件的受力与变形的关系。由图可见，在连接尚未承受工作拉力 $\boldsymbol{F}$ 时，螺栓的拉力和被连接件的压缩力都等于预紧力 $\boldsymbol{F}_0$。因此，为方便分析，将图 6-3a 和 b 合并成图 6-3c。

由图 6-3 可得螺栓和被连接件的刚度 C_b、C_m 分别为

$$C_b=\tan\theta_b=\frac{F_0}{\lambda_b}$$

$$C_m=\tan\theta_m=\frac{F_0}{\lambda_m}$$

再由图 6-3c 中的几何关系得 $\Delta F=\dfrac{C_b}{C_b+C_m}F$，则

$$F_2=F_0+\frac{C_b}{C_b+C_m}F$$

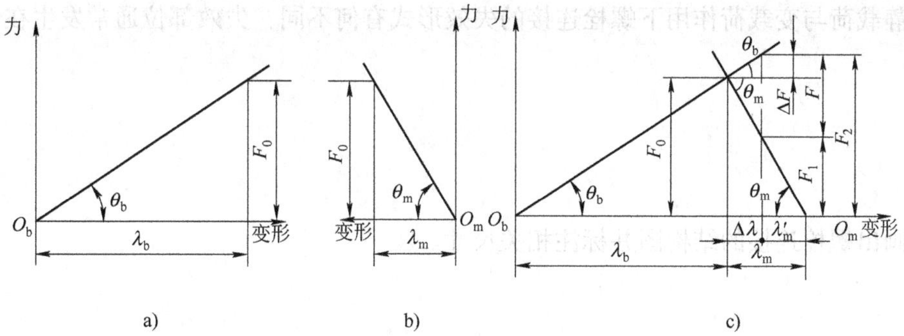

图 6-3　单个紧螺栓连接受力变形线图

其中，$\dfrac{C_b}{C_b+C_m}$称为螺栓的相对刚度，其大小与螺栓和被连接件的结构尺寸、材料以及垫片、工作载荷的作用位置等因素有关，可通过实验或计算求出，其值在 0～1 之间变动。当被连接件为钢制零件时，一般可根据垫片材料不同推荐采用如下数据：金属垫片（或无垫片）为 0.2～0.3；皮革垫片为 0.7；铜皮石棉垫片为 0.8；橡胶垫片为 0.9。为降低螺栓的受力，提高螺栓的承载能力，在保持预紧力不变的条件下，应使$\dfrac{C_b}{C_b+C_m}$值尽量小些，减小螺栓刚度 C_b 或增大被连接件刚度 C_m 都可以达到减小总拉力 F_2 变化范围的目的。因此，在实际承受动载荷的紧螺栓连接中，宜采用柔性螺栓（减小 C_b）和在被连接件之间使用硬垫片（增大 C_m）。

6.2　预习作业

1. 当螺栓承受变动外载荷时，为什么粗螺栓的寿命比细长螺栓的寿命短？

2. 为什么要控制预紧力？用什么方法控制预紧力？

3. 连接螺栓的刚度大些好还是小些好？为什么？

4. 静载荷与变载荷作用下螺栓连接的失效形式有何不同？失效部位通常发生在何处？

5. 画出螺栓连接的结构图并标注相关尺寸。

6.3 实验目的

1）了解螺栓连接在拧紧过程中各部分的受力情况。

2）计算螺栓相对刚度，并绘制螺栓连接的受力变形图。

3）验证受轴向工作载荷时，预紧螺栓连接的变形规律及其对螺栓总拉力的影响。

4. 通过螺栓的动载实验，改变螺栓连接的相对刚度，观察螺栓动应力幅值的变化，以验证提高螺栓连接疲劳强度的各项措施。

5）掌握用应变法测量螺栓受力的实验技能。

6.4 实验设备及工具

1. LZS-A 型螺栓连接实验台（图 6-4）

1）连接部分包括 M16 的空心螺栓 10、螺母 13、组合垫片 14 和 M8 的螺杆 18 组成。空心螺栓贴有测拉力和扭矩的两组应变片，分别测量螺栓在拧紧时所受预紧拉力和扭矩。空心螺栓的内孔中装有 M8 的螺杆，拧紧或松开其上的手柄杆，即可改变空心螺栓的实际受载截面积，以达到改变连接件刚度的目的。组合垫片由弹性和刚性两种垫片组成。

2）被连接件部分有上板 11、下板 5、八角环 16 和锥塞 7 组成，八角环上贴有应变片，测量被连接件受力的大小，八角环中部有锥形孔，插入或拔出锥塞即可改变八角环的受力，以改变被连接件系统的刚度。

3）加载部分由蜗杆 2、蜗轮 4、挺杆 19 和弹簧 9 组成。挺杆上贴有应变片，用以测量所加工作载荷和大小。蜗杆一端与电动机 1 相连，另一端装有手轮 20，起动电动机或转动手轮使挺杆上升或下降，以达到加载、卸载（改变工作载荷）的目的。

2. JYB-1 数字静态应变仪（见图 6-5）

（1）特点及工作原理　该数字静态应变仪主要用于实验应力分析及静力强度研究中测量结构及材料任意点变形的应力分析，其主要特点是：测量点数多，操作简单、便携，能方便地连接计算机，可进行单臂、半桥、全桥测量，K 值连续可调。该仪器可配接压力、拉

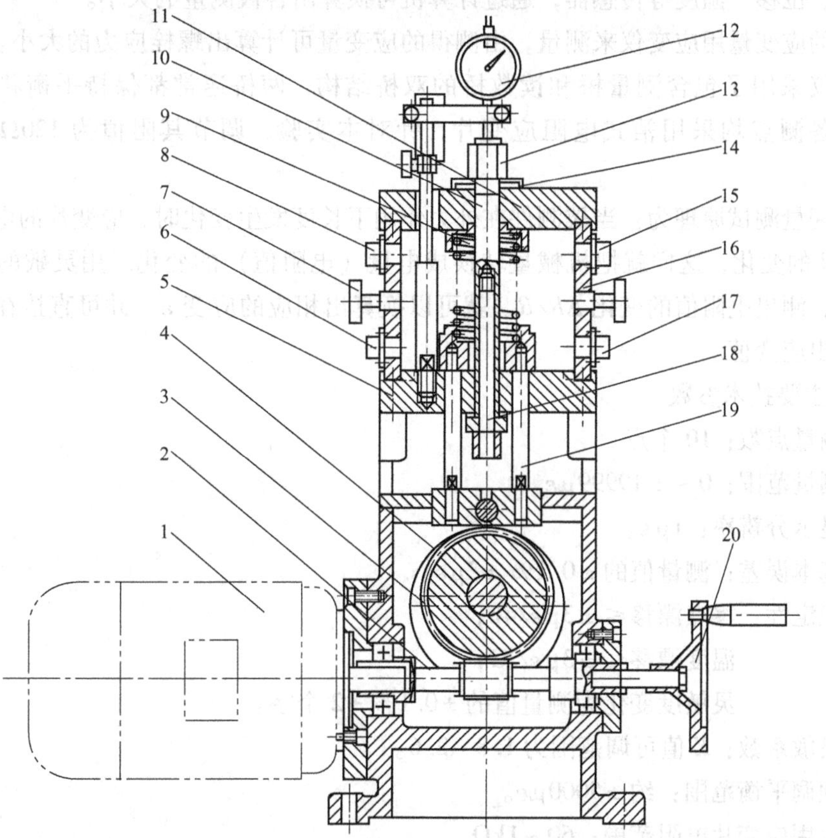

图 6-4 螺栓连接实验台结构

1—电动机 2—蜗杆 3—凸轮 4—蜗轮 5—下板 6—扭力插座 7—锥塞 8—拉力插座 9—弹簧 10—M16 空心螺杆 11—上板 12—千分表 13—螺母 14—组合垫片 15—八角环压力插座 16—八角环 17—挺杆压力插座 18—M8 螺杆 19—挺杆 20—手轮

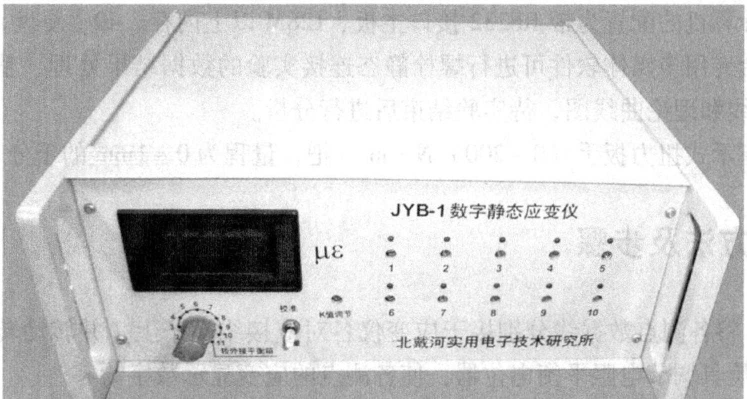

图 6-5 JYB-1 数字静态应变仪

力、扭矩、位移、温度等传感器，通过计算机可换算出各被测量的大小。

螺栓的应变量用应变仪来测量，由测得的应变量可计算出螺栓应力的大小。JYB-1 数字静态应变仪采用了包含测量桥和读数桥的双桥结构，两桥通常都保持平衡状态。螺栓连接实验台各测点均采用箔式电阻应变片，针对本实验，调节其阻值为 120Ω，灵敏系数 $K=2.20$。

其应变量测试原理为：当被测件在外力作用下长度发生变化时，应变片的电阻值也随着发生了 ΔR 的变化，这样就把机械量转换成电量（电阻值）的变化。用灵敏的电阻测量仪——电桥，测出电阻值的变化 $\Delta R/R$，就可以换算出相应的应变 ε，并可直接在测量仪的显示屏上读出应变值。

（2）主要技术参数

1）测量点数：10 个点。

2）测量范围：0 ~ ±19999με。

3）显示分辨率：1με。

4）基本误差：测量值的 ±0.1% ±2με。

5）稳定性：零点漂移≤ ±3με/4h；
温度漂移≤ ±3με/℃；
灵敏度变化为测量值的 ±0.1% ±2 个字。

6）灵敏系数：K 值可调范围为 1.8 ~2.6。

7）预调平衡范围：约 ±5000με。

8）适用应变片电阻范围：60 ~1kΩ。

9）可方便地进行单臂、半桥、全桥测量。

10）桥压：直流 2V。

11）电源：交流 220V（±10%），50Hz。

12）工作环境：温度 0℃ ~ +40℃，相对湿度小于 80%。

3. 计算机专用多媒体软件及其他配套工具

1）需要计算机的配置为带 RS232 接口主板、128M 以上内存、40G 硬盘。

2）实验台专用多媒体软件可进行螺栓静态连接实验的数据结果处理、整理，并打印出所需的实测曲线和理论曲线图，待实验结束后进行分析。

3）专用指示式扭力扳手（0 ~200）N · m 一把，量程为 0 ~1mm 的千分表两个。

6.5　实验方法及步骤

1）捋线，将各测点数据线分别接于应变仪各对应接线端子上，并转动转换开关至相应测点，用螺钉旋具调节电阻平衡电位器，使各测点的应变显示数字为零。

2）取出八角环上两锥塞，转动手轮（单方向），使挺杆降下，处于卸载位置；手拧螺母至刚好与垫片组接触，（预紧初始值）螺栓不能有松动的感觉。分别将两个千分表调零，并保证千分表长指针有一圈的压缩量。

3）用指示式扭力扳手预紧被试螺母，当扳手力矩为 30N · m 时，取下扳手，完成螺栓预紧。此时转动静态应变仪的转换开关，测量各测点的应变值，读出千分表数值，记录数据并计算。

4）转动手轮（单方向），使挺杆上升 10mm 的高度，再次测量各测点的应变值，读出千分表数值，记录数据。

5）根据千分表的读数求出螺栓的伸长变形增加量 $\Delta\delta_1$ 和被连接件的压缩变形减小量 $\Delta\delta_2$，用八角环的应变量求出残余预紧力 $\boldsymbol{F}_1$，由挺杆应变值求出工作载荷 $\boldsymbol{F}$，由螺栓应变值求出总拉力 $\boldsymbol{F}_2$，并绘制在受力—变形图上，用以验证螺栓受轴向载荷作用时是否符合变形协调规律（$\Delta\delta_1 = \Delta\delta_2$），以及螺栓上总拉力 $\boldsymbol{F}_2$ 与残余预紧力 $\boldsymbol{F}_1$、工作载荷 $\boldsymbol{F}$ 之间的关系。

6.6　已知条件及相关计算公式

1）螺栓参数。材料为 45 钢，弹性模量 $E = 2.06 \times 10^5$MPa，螺栓大径 $d = 16$mm，螺栓中径 $d_2 = 14.27$mm。

2）螺纹副摩擦力矩为

$$T_1 = F_0 \frac{d_2}{2} \tan(\psi + \varphi_v)$$

式中　F_0——螺纹预紧力；

ψ——螺纹升角 $\psi = \tan^{-1}\dfrac{Ph}{\pi d_2} = 2.254$，$Ph$ 为导程；

φ_v——当量摩擦角 $\varphi_v = \tan^{-1}0.15$。

3）扳手拧紧力矩

$$T \approx 0.2 F_0 d$$

因作用在螺纹上的预紧力比扳手一端所施加的拧紧力要大许多倍，因此对于重要场合的连接，应严格控制其拧紧力矩。

4）螺栓的相对刚度为

$$\frac{C_b}{C_b + C_m}$$

式中　C_b——螺栓刚度，$C_b = \dfrac{F_0}{\lambda_b}$；

C_m——被连接件刚度，$C_m = \dfrac{F_0}{\lambda_m}$。

5）应变值与力的换算式为

$$F_{测} = \frac{\varepsilon_{测}}{\mu_{标}}$$

6.7 实验小结

1. 注意事项

1）电动机的接线必须正确，电动机的旋转方向为逆时针（面向手轮正面）。

2）各注油孔及螺母端面应加油润滑。

3）接线时如采用线叉，请旋紧螺钉，以免接触电阻发生变化。

4）数字静态应变仪应尽量放置在远离磁场源的地方。

5）应变片不得置于阳光暴晒之下，同时测量时应避免高温辐射和空气剧烈流动的影响。

6）测量过程中不得移动实验设备及电源线。

2. 常见问题

1）施加轴向工作载荷后，连接结合面处出现开缝，此时应增大螺栓应变值。

2）实验过程中，预紧力和工作载荷应从小到大进行调整，否则可能会影响测量结果的准确性。

6.8 工程实践

螺栓连接是机载设备设计制造中常用的连接方式之一，具有加工简单、装配方便、承载能力强、可靠性高等一系列优点，被广泛应用于航空航天、船舶、汽车、土木等各种工程领域连接结构中。实际工程中，螺栓连接处往往是整个结构中刚度相对较弱的部位，在外界载荷（静载荷或是动载荷）作用下，螺栓连接的状态会发生改变，出现松动、滑移、甚至断裂等现象，影响连接结构的正常工作，严重时会对工作人员造成人身伤害。因此，为保证螺栓连接的强度、刚度及紧密性，必须对螺栓进行受力分析。

1. 法兰螺栓连接预紧力的控制方法

法兰螺栓连接是压力容器、石油化工设备及管道中应用极为广泛的一种可拆式静密封连接结构。法兰螺栓连接系统的主要失效形式是泄漏，而螺栓预紧是保证连接面不发生泄漏的重要环节之一。在螺栓连接中，螺栓在安装的时候都必须拧紧，即在连接承受工作载荷之前，预先受到力的作用，这个预加的作用力称为预紧力，预紧的目的在于增强连接的可靠性和紧密性，以防止受载后被连接件间出现缝隙或发生相对滑移。所以，确定预紧力的准确数值和拧紧螺母时控制预紧力的精度就变得尤为重要。

螺栓拧紧后，螺栓受到的力通过法兰面压紧垫片，垫片被压实，使压紧面上的间隙被填满，为防止介质泄漏达到了初始的密封条件。螺纹连接的预紧力将对螺栓的总载荷、连接的临界载荷、抵抗横向载荷的能力和结合面密封能力等产生影响。要保证螺纹连接能够克服被连接件所受的各种静态或动态外力，需要控制预紧力。

通过拧紧力矩控制预紧力的特点是控制目标直观，测量难度小，操作过程简便，控制程序简单；缺点是由于会受到摩擦因数和几何参数偏差的影响，在一定的拧紧力矩下，预紧力数值的离散性比较大。因此，通过拧紧力矩控制预紧力的控制精度不高，误差一般可达到

40%左右，且材料利用率低。这种方法一般用在不太重要的场合。

螺栓伸长法控制预紧力就是在拧紧过程中、或拧紧结束后测量螺栓的伸长长度，利用预紧力与螺栓长度变化量的关系，控制螺栓预紧力的一种方法。螺栓伸长法的优点是由于螺栓的伸长只与螺栓的应力有关，不用考虑摩擦因数、接触变形、被连接件变形等可变因素的影响，误差较小、材料利用率高；缺点是由于在实际工程问题上，测量螺栓的伸长量不太方便。这种方法一般用在需要严格控制精度的场合。在化工行业，对于法兰连接系统等密封要求较高的场合，螺栓伸长法特别适用。

预紧力控制方法的选择一定要根据连接件的实际情况而定。在选择控制方法之前，应明确连接件的要求、预紧力的精度要求和控制方法的应用场合，然后通过试验与分析找出最合理的方法。

2. 斗轮堆取料机回转支承螺栓连接

斗轮堆取料机（如图6-6所示），简称斗轮机，是现代化工业大宗散状物料连续装卸的高效设备，目前已经广泛应用于港口、码头、冶金、水泥、钢铁厂、焦化厂、储煤厂、发电厂等散料（矿石、煤、焦碳、砂石）存储料场的堆取作业。斗轮机是一种利用斗轮连续取料，用机上的带式输送机连续堆料的有轨式装卸机械，它缩短了装卸时间，提高了工作效率，减轻了工人的劳动强度。它是由斗轮挖掘机的基础上演变而来的，可与卸车（船）机、带式输送机、装船（车）机组成储料场运输机械化系统，生产能力每小时可达1万多吨。斗轮机的作业有很强的规律性，易实现自动化，控制方式有手动、半自动和自动等。斗轮堆取料机按结构分为臂架型和桥架型两类。

由于斗轮机工况繁多，各机构受力复杂，在选定具有足够承载能力的回转支承后，通常采用承载能力高、抗疲劳能力强的高强度螺栓作为轴承上、下座圈与上部回转机构和下面固定部分相连接的紧固件。由于上部回转机构在堆取料时承受的各种载荷靠回转支承传递到下面的固定机构，所以高强度螺栓连接对于斗轮机的安全工作至关重要，若螺栓失效，必将对生产造成严重的影响。因此，对回转轴承中连接螺栓的受力情况进行精确的疲劳分析具有重要意义。

图6-6　斗轮堆取料机

螺栓在安装时靠施加的预紧力使两个接触面间紧密连接，利用两构件接触面间的摩擦力来传递剪力。因为高强度螺栓的整体性能好，抗疲劳能力强，所以在起重运输机械结构中应用日趋广泛。当高强度螺栓不受外载荷时，只在预紧力作用下，此时螺栓组只受工作压力，载荷变化幅度为0，在这种情况下螺栓不会发生疲劳破坏。当螺栓承受工作拉力时，受到周期变化的载荷，载荷变化幅度为 ΔF，此时螺栓存在疲劳断裂问题。理论上螺栓的工作载荷不允许出现拉力，然而在实际工作过程中，斗轮机回转支承螺栓组的受力情况十分复杂，螺栓组轴向总载荷将不再只是预紧力，而是处在周期变化的载荷作用下，这种情况下就必须分析螺栓的疲劳断裂问题。

在实际工作中，斗轮机通过不同角度的变幅和回转实现堆、取料作业，螺栓受力也会随着回转部分重心位置的变化而变化。在设计时，回转机构各部分的重量分布要合理，使得回转部分的重心在不同变幅、回转角度时都控制在合理的范围之内，螺栓就会有合理的应力幅值，从而具有较长的使用寿命。

实 验 报 告

实验名称：＿＿＿＿＿＿＿＿＿　实验日期：＿＿＿＿＿＿＿＿＿

班级：＿＿＿＿＿＿＿＿＿　姓名：＿＿＿＿＿＿＿＿＿

学号：＿＿＿＿＿＿＿＿＿　同组实验者：＿＿＿＿＿＿＿＿＿

实验成绩：＿＿＿＿＿＿＿＿＿　指导教师：＿＿＿＿＿＿＿＿＿

（一）实验目的

（二）实验设备

（三）实验结果

项目 \ 测点		螺栓（拉）	螺栓（扭）	八角环（压）	挺杆（压）
标定系数 $\mu_{标}$		0.185	7.93	-0.61	-1.03
应变值 /με	加载前				
	加载后				$\varepsilon_{杆}$
力/N	加载前	F_0		F_0	
	加载后	F_2		F_1	F
千分表读数 δ	加载前	δ_1		δ_2	
	加载后	δ_1'		δ_2'	F

（四）计算螺栓相对刚度

（五）绘制螺栓连接受力—变形图（在图6-7中绘制）。

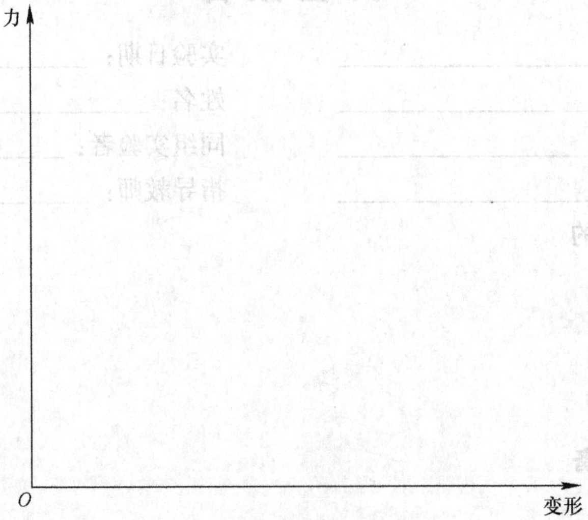

图6-7　螺栓连接受力—变形

（六）思考问答题

1. 在拧紧螺母时，要克服哪些阻力矩？此时螺栓和被连接件各受怎样载荷？

2. 拧紧后又加工作载荷的螺栓连接中，螺栓所受总拉力是否等于预紧力加工作载荷？应该怎样确定？

3. 从实验中可以总结出哪些提高螺栓连接强度的措施？

4. 被连接件的刚度与螺栓刚度的大小对螺栓的动态应力分布有何影响？

5. 改变连接件与被连接件的刚度对其受力与变形有何影响？有哪些措施可以提高螺栓连接的承载能力？

6. 为提高螺栓的疲劳强度，被连接件之间应采用软垫片还是硬垫片？为什么？

7. 变形协调关系是否得以验证？理论计算与实验结果之间存在误差的原因有哪些？

（七）实验心得、建议和探索

第 7 章　带传动的滑动和效率测定实验

7.1　概述

带传动具有结构简单、传动平稳、传动距离大、造价低廉以及缓冲吸振等特点，在近代机械中被广泛应用。例如汽车、收录机、打印机等各种机械中都采用不同形式的带传动。由于一般的带传动是依靠带与带轮间的摩擦力来传递运动和动力的，而摩擦会产生静电，因此带传动不宜用于有大量粉尘的场合。

1. 受力分析

传动工作前，带应以一定的初拉力 $\boldsymbol{F}_0$ 张紧在两个带轮上（见图 7-1a），这样就保证了带运转时在带与带轮的接触面上产生正压力。带工作时的状态如图 7-1b 所示，主动轮以转速 n_1 转动时，由于带与带轮间的摩擦力作用，使带一边拉紧、一边放松。紧边拉力 $\boldsymbol{F}_1$ 和松边拉力 $\boldsymbol{F}_2$ 不等，两者之差 $\boldsymbol{F}=\boldsymbol{F}_1-\boldsymbol{F}_2$，即为带的有效拉力，它等于带沿带轮的接触弧上摩擦力的总和 $\boldsymbol{F}_{\mathrm{f}}$。在一定条件下，摩擦力有一极限值，如果工作载荷超过极限值，带就在轮面上打滑，传动不能正常工作而失效。初拉力 $\boldsymbol{F}_0$ 越大，带传动的传动能力越大。紧边拉力 $\boldsymbol{F}_1$、松边拉力 $\boldsymbol{F}_2$ 和初拉力 $\boldsymbol{F}_0$、有效拉力 $\boldsymbol{F}$ 有如下关系

$$F_1 = F_0 + F/2, F_2 = F_0 - F/2$$

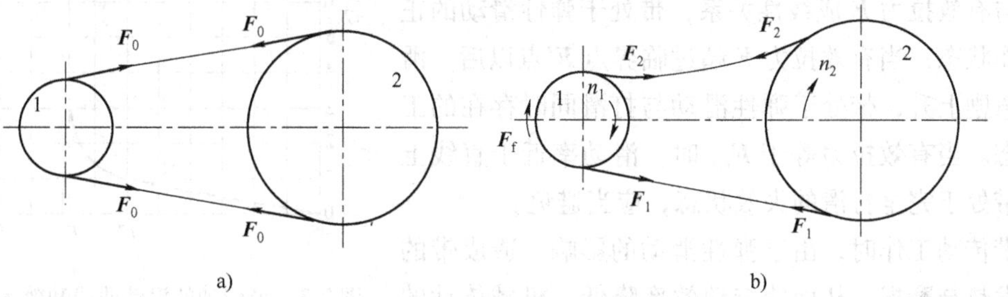

图 7-1　带传动受力分析

a）不工作时　b）工作时

2. 运动分析

由于带是弹性体，受力不同时带的弹性变形不等。紧边拉力大，相应的伸长变形量也大。在主动轮上，当带从紧边转到松边时，拉力逐渐降低，带的弹性变形逐渐变小而回缩，因而带沿带轮的运动是一面绕进，一面向后收缩，带的运动滞后于主动轮。也就是说，带与主动轮之间产生了相对滑动。而在从动轮上，带从松边转到紧边时，带所受到的拉力逐渐增加，带的弹性变形量也随之增大，带微微向前伸长，带的运动超前于从动轮，带与从动轮间同样也发生相对滑动。这种由于带的弹性变形而引起的带与带轮之间的微量滑动，称为弹性滑动（见图 7-2）。因为带传动总存在紧边和松边，所以弹性滑动在带传动中是不可避免的，

是带传动正常工作时固有的特性。其结果是使从动轮的圆周速度低于主动轮的圆周速度，使传动比不准确。

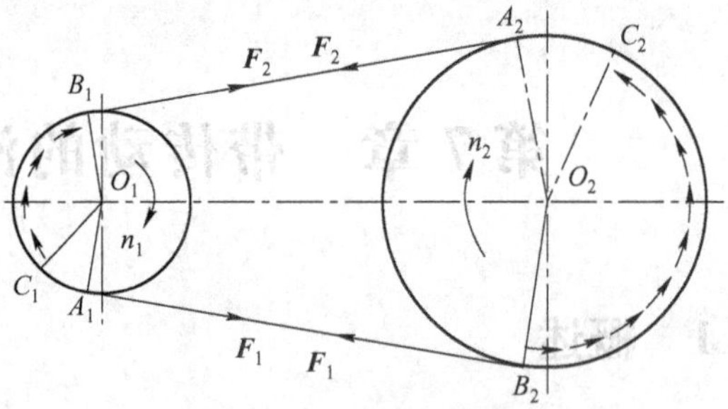

图 7-2　带传动的弹性滑动

带传动中弹性滑动的程度用滑动率 ε 表示，其表达式为

$$\varepsilon = \frac{v_1 - v_2}{v_1} = \left(1 - \frac{D_2 n_2}{D_1 n_1}\right) = \frac{n_1 - n_2}{n_1} \times 100\% \qquad (7\text{-}1)$$

式中　v_1、v_2——主动轮、从动轮的圆周速度（m/s）；

n_1、n_2——主动轮、从动轮的转速（r/min）；

D_1、D_2——主动轮、从动轮的直径（mm）。

带的弹性滑动并不是发生在相对于全部包角的接触弧上，只发生在带由主、从动轮上离开以前的那一部分接触弧上，称为滑动弧，如图 7-2 中的弧 C_1B_1 和 C_2B_2。随着负载的增加，有效拉力的增大，滑动弧也不断增大，当增大到整个接触弧 A_1B_1 和 A_2B_2 时，带传动的有效拉力达到最大值，如果工作载荷再进一步增大，则带与带轮间就发生显著的相对滑动，称为打滑，从而使带的摩擦加剧，从动轮转速急剧降低，带传动失效。这种情况应当避免。

如图 7-3 所示，带传动的滑动率 ε（曲线 1）随着带的有效拉力 $\boldsymbol{F}$ 的增大而增大，表示这种关系的曲线称为滑动曲线。当有效拉力 $\boldsymbol{F}$ 小于临界点 $\boldsymbol{F}'$ 点时，滑动率与有效拉力 $\boldsymbol{F}$ 成线性关系，带处于弹性滑动的正常工作状态；当有效拉力 $\boldsymbol{F}$ 超过临界点 $\boldsymbol{F}'$ 点以后，滑动率急剧上升，带处于弹性滑动与打滑同时存在的工作状态。当有效拉力等于 $\boldsymbol{F}_{max}$ 时，滑动率近于直线上升，带处于完全打滑的失效状态，应当避免。

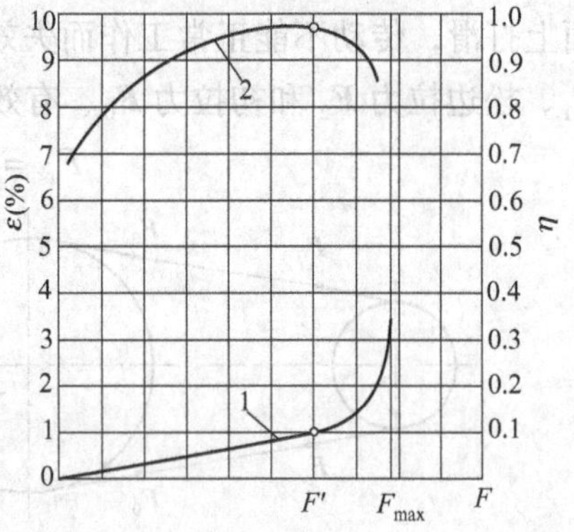

图 7-3　带传动的滑动曲线和效率曲线

1—滑动曲线　2—效率曲线

带传动工作时，由于弹性滑动的影响，造成带的摩擦发热与磨损，从而使传动效率降低。机械传动的工作效率 η 是输出功率 P_2 与输入功率 P_1 的比值，即 $\eta = P_2/P_1$。图 7-3 中曲线 2 为带传动的效率曲线，即表示带传动效率 η 与有效拉力 $\boldsymbol{F}$ 之间关系的曲线。当初拉力和转速一定的情况下，随着有效拉力的增加，传动效率将逐渐提高，当有效拉力 $\boldsymbol{F}$ 超过临界点 $\boldsymbol{F}'$ 点以后，传动效率急剧下降。

带传动最合理的状态为有效拉力 $\boldsymbol{F}$ 等于或稍小于临界点 $\boldsymbol{F}'$，这时带传动的效率最高，滑动率 $\varepsilon = 1\% \sim 2\%$，并且还有余力负担短时间（如起动时）的过载。

7.2　预习作业

1. 带传动的弹性滑动和打滑现象有何区别？产生的原因分别是什么？分别会造成什么

后果？

2. 若要避免带传动打滑，可采取什么措施？

3. 分析在带传动中初拉力 F_0 对传动能力的影响。最佳初拉力的确定与什么因素有关？还有哪些因素影响带的传动能力？

4. 带传动的效率与哪些因素有关？为什么？

5. 当带轮直径 $D_1 = D_2$ 时，打滑发生在哪个带轮上？试分析其原因。

6. 带传动的弹性滑动与初拉力、有效拉力有何关系？

7.3　实验目的

1）了解实验台的结构及工作原理，掌握有关机械参数如转矩、转速等的测量手段并掌握其操作规程。

2）观察、分析带传动的弹性滑动和打滑现象，加深对带传动工作原理和设计准则的理解。

3）通过测定相关数据并绘制滑动曲线（ ε-F 曲线）和效率曲线（η-F 曲线），深刻认识带传动特性、承载能力、效率及其影响因素。

4）分析弹性滑动、打滑与带传递的载荷之间的关系。

7.4　实验设备及工作原理

本实验设备是PC-A型带传动实验台。该实验台由主机和测量系统两大部分组成，如图7-4所示。

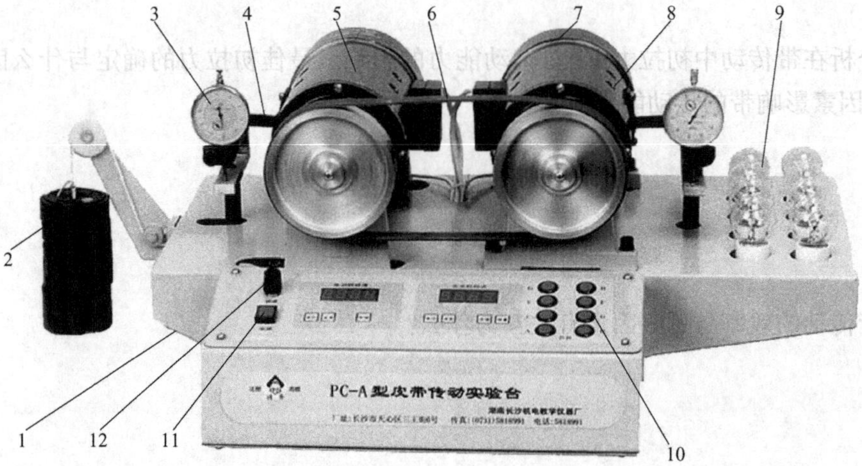

图7-4　PC-A型带传动实验台

1—电机移动底板　2—砝码　3—百分表　4—测力杆及测力装置　5—电动机及主动带轮　6—平带　7—光电测速装置　8—发电机及从动带轮　9—负载灯泡　10—负载按钮　11—电源开关　12—调速开关

1. 主机

主机主要由两台直流电动机5、8组成，其中电动机5作为原动机，8则作为负载的发电机，原动机由直流调速电路供给电枢以不同的端电压，可实现无级调速。主、从动轮分别装在电动机和发电机的转子轴上，实验用的平带6套在两带轮上。主动轮电动机5为特制两端带滚动轴承座的直流伺服电动机，滚动轴承座固定在移动底板1上，可沿底板滑动，与牵引钢丝绳、定滑轮和砝码2一起组成带传动的张紧机构。通过改变砝码的质量，使钢丝绳拉动滑动底板，即可设定带传动的初拉力。

从动轮发电机8也为特制两端带滚动轴承座的直流伺服发电机，发电机外壳（定子）未固定，可相对其两端滚动轴承座转动，轴承座固定于机座上。

带传动的加载装置是在直流发电机的输出电路上并联了8个40W的灯泡作负载。开启灯泡，以改变发电机的负载电阻。即每按一下“加载”键，就并上一个负载电阻（减小了总电阻）。由于发电机的输出功率为 $P=V^2/R$，因此并联负载电阻后使得发电机负载增加，电枢电流增大，电磁转矩增大，即发电机的负载转矩的增大，实现了改变带传动输出转矩的作用，即带的受力增大，两边拉力差也增大，带的弹性滑动逐步增加。当带传递的载荷刚好达到所能传递的最大有效拉力（圆周力）时，带开始打滑，当负载继续增加时则完全打滑。

2. 测量系统

测量系统由光电测速装置 7 和发电机的测扭矩装置组成。

（1）转速 n 及滑动率 ε 的测定　在主动轮和从动轮的轴上分别安装一同步转盘，在转盘的同一半径上钻有一个小孔，在小孔一侧固定有光电传感器，并使传感器的测头正对小孔。带轮转动时，就可在数码管上直接读出主动轮转速 n_1 和从动轮转速 n_2。已知带轮直径 $D_1 = D_2$，根据公式（7-1）可以得出滑动率 ε。

（2）扭矩 T 及效率 η 的测定　主动轮的扭矩 T_1 和从动轮的扭矩 T_2 均通过电动机外壳摆动力矩来测定。电动机和发电机的外壳支承在支座的滚动轴承中，并可绕与转子相重合的轴线摆动。当电动机起动和发电机加上负载后，由于定子磁场和转子磁场的相互作用，根据力矩平衡原理，电动机的外壳将向转子旋转的反方向扭转，发电机的外壳将向转子旋转的同方向扭转，它们的扭转力矩可以分别通过固定在定子外壳上的测力计测得。即

主动轮上的扭矩　$T_1 = Q_1K_1L_1$

从动轮上的扭矩　$T_2 = Q_2K_2L_2$

式中　Q_1、Q_2——测力计百分表上的读数，N；

K_1、K_2——测力计标定值；

L_1、L_2——测力计的力臂，$L_1 = L_2 = 120$（mm）。

测得不同负载下主动轮的转速 n_1 和从动轮的转速 n_2 以及主动轮的转矩 T_1 和从动轮的转矩 T_2 后，带传动效率可由下式确定

$$\eta = \frac{P_2}{P_1} = \frac{T_2 n_2}{T_1 n_1} \times 100\% \tag{7-2}$$

式中　P_1、P_2——带传动的输入、输出功率；

T_1、T_2——带传动的输入、输出转矩。

（3）绘制滑动率曲线和效率曲线

带传动的有效拉力 F 可近似由下式计算

$$F = \frac{2T_1}{D_1} \tag{7-3}$$

随着负载的改变（开启灯泡），T_1、T_2、n_1、n_2 值也随之改变，这样可获得一系列 ε 和 η 值。以有效拉力 $\boldsymbol{F}$ 为横坐标，分别以不同载荷下的 ε 和 η 之值为纵坐标，就可画出带传动的滑动率曲线和效率曲线，如图 7-3 所示。

7.5　实验方法及步骤

1）开机前先仔细了解实验台结构，认真检查实验设备是否正常。

2）将“调速”旋钮逆时针旋到转速最低位置，避免开机时电动机突然起动。

3）按下电源开关，实验台的指示灯亮，检查一下测力计与测力杆是否处于平衡状态，若不平衡则调整到平衡。

4）加砝码2.5kg，使带具有一定的初拉力。

5）当百分表指针有一定压缩量后，转动百分表的表壳使指针对零。

6）慢慢地沿顺时针方向旋转调速按钮，使电动机从开始运转逐渐加速到1000～1200r/min，待运转平稳后，记录n_1、n_2、Q_1、Q_2一组数据。

7）打开一个灯泡（即加载），再次记录一组n_1、n_2、Q_1、Q_2数据，注意此时n_1和n_2之间的差值，即观察带的弹性滑动现象。

8）继续逐渐增加负载（即每次打开一个40W的灯泡），每增加一次负载后，要调整主动轮转速，使其保持原来的值。重复第4步，直到$\varepsilon \geqslant 3\%$左右，即带传动开始进入打滑区（$n_2 < n_1 100$r左右），把上述所得数据记在实验报告中的表内。若再打开灯泡，则n_1和n_2之差值迅速增大。

9）关上所有的灯泡，将调速旋钮逆时针旋到底，增加砝码3kg，重复步骤3）～5），观察初拉力对带传动传动能力的影响以及滑动率ε和效率η的变化。

10）卸掉负载，停机，切断电源，整理仪器和现场。

11）根据计算的相关数据绘制ε-F滑动率曲线和η-F效率曲线，完成实验报告。

7.6 实验小结

1. 注意事项

1）在熟悉设备性能前，不要随意起动机器。

2）调节调速旋钮时，不要突然使速度增大或减小。

3）实验台为开式传动，实验人员必须注意安全。

4）在给仪器设备加电前，应先确认仪器设备处于初始状态。

2. 常见问题

1）开机后，若电动机突然起动，这时应检查电动机调速旋钮是否旋转到底，即置电动机转速为零的位置。

2）在实验过程中，若设备运转出现较大的冲击载荷，应检查机器是否是由低速到高速逐渐加载。

7.7 工程实践

带传动是一种常用的、成本较低的动力传动装置，具有运动平稳、清洁（无需润滑）、噪声低等特点，同时可以起到缓冲、减振、过载保护的作用，且维修方便。当有效拉力F等于或稍小于临界点的值时，带传动的效率最高，滑动率ε为1%～2%，并且还有余力负担短时间（如启动时）的过载。

弹性滑动是带在正常工作状态下发生的一种带和带轮之间的局部滑动，只要存在传递功率就不可避免地产生弹性滑动，弹性滑动并不影响正常工作。当工作载荷进一步加大时，弹性滑动的发生区域将扩大到整个接触弧，此时就会发生打滑现象。打滑属于带传动失效形式之一，必须避免。

随着工业技术水平的提高及机械设备不断向高精度、高速、高效、低噪声、低振动方向发展，带传动的应用范围会越来越广，因此对避免打滑及尽可能提高带传动的效率分析具有重要的现实意义。

1. 游梁式抽油机带传动效率分析

游梁式抽油机（如图 7-5 所示）指含有游梁，通过连杆机构换向，曲柄重块平衡的抽油机。从采油方式上可分为两类，即有杆类采油设备和无杆类采油设备。游梁式抽油机具有性能可靠、结构简单、操作维修方便等特点。

a)　　b)

图 7-5　游梁式抽油机

游梁式抽油机是油田目前主要使用的抽油机类型之一，主要由驴头——游梁——连杆——曲柄机构、减速箱、动力设备和辅助装备等四大部分组成。工作时，电动机的传动经变速箱、曲柄连杆机构变成驴头的上下运动，驴头经光杆、抽油杆带动井下抽油泵的柱塞作上下运动，从而不断地把井中的原油抽出井筒。

传动带是游梁式抽油机的重要组成部分之一，它与齿轮减速器一起构成抽油机的减速传动装置，以实现从电动机到曲柄轴的动力传递和减速。抽油机中使用的传动带以普通 V 带和窄 V 带为主，其工作原理是靠带与带轮之间的摩擦进行运动和动力传递。传动带传动效率作为抽油机井参数计算中一个重要的中间变量，在抽油机井设计和计算中通常作为常数处理。但实际上，由于抽油机承受交变载荷，传动带的瞬时效率不断变化，而且能最传递方向在局部工作时间内还可能发生改变。所有这些将影响抽油机其它参数的计算和分析。

传动带工作时的功率损失有两种：一种是与载荷无关的量，如传动带绕轮的弯曲损失、进入与退出轮槽的摩擦损失以及风阻损失等；另一种是与载荷有关的量，如弹性滑动损失以及传动带与轮槽间径向滑动损失等。其中，以弯曲功率损失和弹性滑动功率损失为主。

传动带的工作效率在大部分时间内较高；但在局部范围内，尤其是扭矩接近于零的位置，效率极低。原因主要在于传动带的工作效率与曲柄轴扭矩和电机扭矩的变化规律有关，而影响曲柄轴扭矩和电机扭矩变化规律的因素主要是抽油机的负载和平衡状况，局部范围内，传动带的有效载荷过低，有效圆周力相对较小，因而效率极低。此外，传动带的松紧程度和摩擦系数对带传动效率影响也较大。

2. 皮带输送机传动轮打滑的预防

皮带输送机是以摩擦连续驱动运输物料的一种机械装备。主要由机架、输送带、托辊、滚筒、张紧装置、传动装置等组成。它可以将物料放在一定的输送线上，从最初的供料点到最终的卸料点间形成一种物料的输送流程。可以进行碎散物料的输送，也可以进行成件物品的输送。除进行纯粹的物料输送外，还可以与各工业企业生产流程中工艺过程的要求相配合，形成有节奏的流水作业运输线。皮带输送机广泛应用于冶金、煤炭、交通、建材、水电、化工等部门，具有输送量大、结构简单、维修方便、成本低、通用性强等优点。

以应用于炼钢厂的皮带输送机为例，若高炉分布较为分散，则输送带输送原料、燃料到高炉高道矿槽的转运站就多，因此输送带数量多，并且经常会出现传动轮打滑的现象。传动轮打滑的主要原因是原料、燃料源头料流控制不均匀，另外由于原料、燃料的露天存放造成雨天原料、燃料带水输送，降低了传动轮与带的摩擦系数，也会造成传动轮经常打滑，而皮带输送机电气联锁不能检测传动轮打滑而停机，最终导致转运点堵料故障时有发生。

为排除此故障，一方面可调整带张紧装置以增加传动轮与传送带的摩擦系数，另一方面可在皮带尾轮增设尾轮传动电控检测装置，因为尾轮为被动轮，它靠带牵引而转动，若带传动轮打滑，则传送带无动作，同样尾轮也不转，若检测到尾轮不转动，则输出信号给该带传动控制回路，使该传送带停机，避免后面传送带继续运转送料导致堵料事故的发生。

利用尾轮检测装置防止皮带输送机传动轮打滑，投资小，电控回路修改容易，运行可靠，效果明显。杜绝了因皮带输送机传动轮打滑而堵料事故的发生，极大地减轻了工人清除堵料的劳动强度。该检测保护电路可推广应用到矿井皮带输送机、斗提机、大倾角皮带输送机等场合。

实 验 报 告

实验名称：________________　实验日期：________________

班级：________________　姓名：________________

学号：________________　同组实验者：________________

实验成绩：________________　指导教师：________________

（一）实验目的

（二）实验设备

（三）实验参数

1. 带轮直径，$D_1 = D_2 =$ ________ mm。

2. 测力杆长度，$L_1 = L_2 =$ ________ mm。

3. 测力计标定值，$K_1 = K_2 =$ ________ N/格。

4. 初拉力（预紧力），$F_0 =$ ________ N。

（四）实验结果

参数 序号	n_1 /(r/min)	n_2 /(r/min)	Q_1/N	Q_2/N	T_1 /(N · mm)	T_2 /(N · mm)	ε/%	η/%	F/N
空载									
加载 1									
加载 2									
加载 3									
加载 4									
加载 5									
加载 6									
加载 7									
加载 8									

（五）在图 7-6 坐标系内绘制滑动率曲线 ε-F、效率曲线 η-F

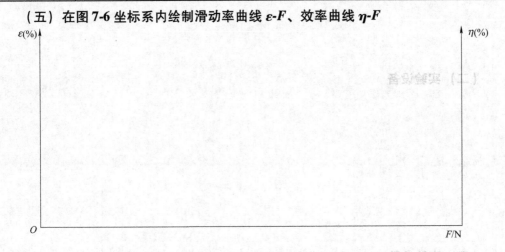

图 7-6　ε-F 和 η-F 曲线

（六）思考问答题

1. 带与主动轮间的滑动方向和带与从动轮间的滑动方向有何区别？为什么会出现这种现象？

2. 在实验中，应怎样观察弹性滑动和打滑这两种现象的出现？如何判断和区分它们？

3. 对所绘制的 ε-F 滑动率曲线进行认真分析，说明带传动的滑动率与哪些因素有关。为什么?

4. 对所绘制的 η-F 效率曲线进行认真分析，说明带传动效率与有效拉力的关系。

5. 若改变实验条件（如初拉力、包角、带速等）时，滑动率和效率曲线变化如何?

6. 综合分析 ε-F 滑动率曲线和 η-F 效率曲线，说明打滑、弹性滑动与效率的关系。

7. 除初拉力外，利用本实验装置还可探求哪些因素影响带的传动能力?

（七）实验心得、建议和探索

第 8 章　滑动轴承特性分析实验

8.1　概述

液体动压滑动轴承摩擦损失小、抗冲击载荷能力强，大量用于水电站、火电站等大型机电设备的主轴系统中，是目前高转速、重载荷主轴系统设计中广泛采用的设计方案。

液体动压滑动轴承是利用轴颈与轴承的相对运动，将润滑油带入楔形间隙形成动压油膜，并靠油膜的动压平衡外载荷。由于轴颈与轴承孔间必须留有一定的间隙，当轴颈静止时，在载荷作用下，轴颈在轴承孔中处于最低位置，并与轴瓦接触，此时两表面间自然形成一收敛的楔形空间（见图 8-1a）。

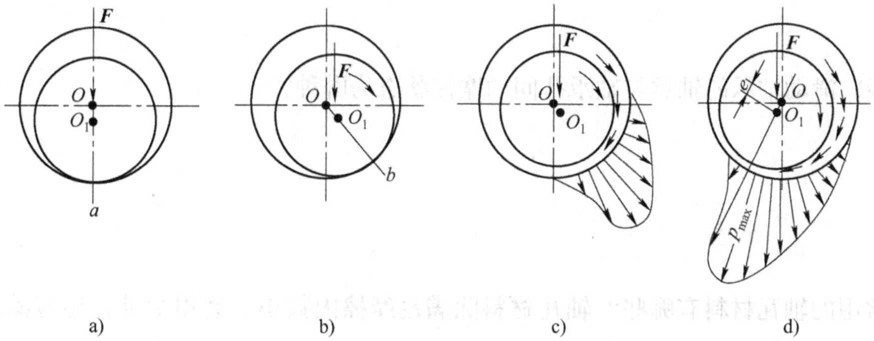

图 8-1　动压油膜形成过程

当轴颈开始转动时（见图 8-1b），速度极低，带入轴承间隙中的油量较少，这时轴瓦对轴颈摩擦力的方向与轴颈表面的圆周速度方向相反，迫使轴颈在摩擦力的作用下沿轴承内壁向右滚动而偏移爬升，同时由于油的粘性将油带入楔形间隙。随着轴颈转速的提高，被轴颈“泵”入间隙的油量随之增多，油膜中的压力逐渐形成。当轴颈达到足够高的转速时，润滑油在楔形间隙内形成流体动压效应，轴颈与轴承被油膜完全隔开（见图 8-1c）。短时间内会存在油膜内各点压力的合力向左上方推动轴颈分力的情况。但随着轴颈表面的圆周速度增大，带入楔形空间的油量也逐渐增加，右侧楔形油膜产生了一定的动压力，推动轴颈向左浮起。最后，当达到稳定运转时，轴颈则处于图 8-1d 所示的位置。此时油膜内各点的压力，其垂直方向的合力与载荷 $\boldsymbol{F}$ 平衡，其水平方向的压力，左右自行抵消，于是轴颈就稳定在此平衡位置上旋转。由于轴承内的摩擦阻力仅为液体的内阻力，故摩擦因数达到最小值。

动压轴承的承载能力与轴颈的转速、润滑油的粘度、轴承的长径比、楔形间隙尺寸等有关。为获得液体摩擦，必须保证一定的油膜厚度。而油膜厚度又受到轴颈和轴承孔表面粗糙度、轴的刚性及轴承、轴颈的几何形状误差等条件限制。

本实验是利用 HS-B 液体动压轴承实验台来观察滑动轴承的结构及油膜形成的过程，测量其径向油膜压力分布，并绘制出摩擦特性曲线、径向油膜压力分布曲线和测定其承载量。

8.2　预习作业

1. 哪些因素影响液体动压滑动轴承的承载能力及油膜的形成？形成动压油膜的必要条件是什么？

2. 滑动轴承与滚动轴承相比有哪些独特优点？为什么？

3. 径向滑动轴承的轴颈与轴承孔间的摩擦状态为哪种？

4. 常用的轴瓦材料有哪些？轴瓦材料除满足摩擦因数小、磨损少外，还应满足什么要求？

5. 液体动压润滑滑动轴承的特性与哪些因素有关？

8.3　实验目的

1）观察、分析滑动轴承在起动过程中的摩擦现象及润滑状态，加深对形成流体动压条件的理解。

2）观察径向滑动轴承液体动压润滑油膜的形成过程和现象。

3）观察当载荷和转速改变时油膜压力的变化情况。

4）观察径向滑动轴承油膜的轴向压力分布情况。

5）测定和绘制径向滑动轴承径向油膜压力分布曲线。

6）了解径向滑动轴承的摩擦因数 f 的测量方法，绘制 f-λ 摩擦特性曲线，并分析影响摩擦因数的因素。

8.4　实验设备及工作原理

实验设备主要由计算机和 HS-B 液体动压轴承实验台（见图 8-2）组成。

1. 实验台结构特点

（1）传动装置　该实验台主轴 10 由两个高度精密的单列深沟球轴承支承。直流电动机 2 通过 V 带 3 驱动主轴 10 沿顺时针（面对实验台面板）方向转动，其上装有精密加工制造的主轴瓦 11，由装在底座里的调速器实现主轴的无级变速，轴的转速由装在操纵面板 1 上的数码管直接读出。

实验中如需拆下主轴瓦观察，则要按下列步骤进行：

1）旋出负载传感器接头。

2）用内六角扳手将传感器支承板 9 上的两个内六角螺钉拆下，拿出传感支承板即可将主轴瓦卸下。

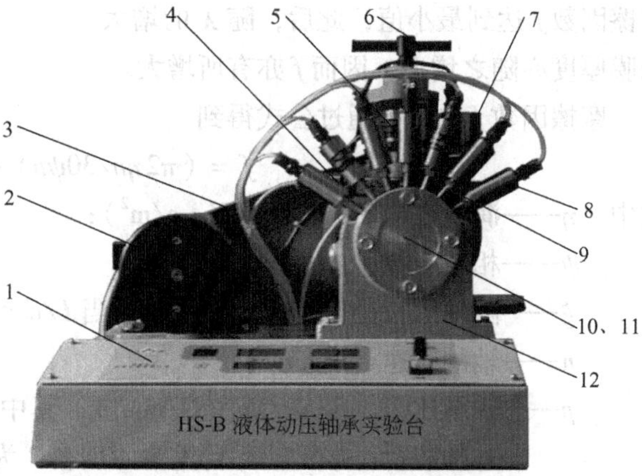

图 8-2　HS-B 液体动压轴承实验台

1—操纵面板　2—电动机　3—V 带　4—轴向油压传感器　5—外加载荷传感器　6—螺旋加载杆　7—摩擦力传感器测力装置　8—径向油压传感器　9—传感器支承板　10—主轴　11—主轴瓦　12—主轴箱

（2）轴与轴瓦间的油膜压力测量装置　主轴的材料为 45 钢，经表面淬火、磨光，由滚动轴承支承在箱体 12 上，主轴的下半部浸泡在润滑油中，当主轴转动时可以把油带入主轴与轴承的间隙中形成油膜。本实验台采用的润滑油牌号为 N68，该油在 20℃时的动力粘度为 0.34Pa·s。在主轴瓦 11 的一径向平面内沿圆周方向钻 7 个小孔，每个小孔沿圆周相隔 20°，每个小孔连接一个压力传感器 8，用来测量该径向平面内相应点的油膜压力，由此可绘制出径向油膜压力分布曲线。沿主轴瓦的一个轴向剖面上装有两个压力传感器（即压力传感器 4 和 8），用来观察有限长滑动轴承沿轴的油膜压力情况。

（3）加载装置　油膜的压力分布曲线是在一定的载荷和一定的转速下绘制的。当载荷改变或主轴转速改变时所测量出的压力值是不同的，所绘出的压力分布曲线的形状也是不同的。本实验台采用螺旋加载，转动螺旋加载杆 6 即可对轴瓦加载，加载大小由外加载荷传感器 5 传出，由面板上的数码管显示。这种加载方式的主要优点是结构简单、可靠，使用方便，载荷的大小可任意调节。但在起动电动机之前，一定要使滑动轴承处在零载荷状态，以免烧坏轴瓦。

（4）摩擦因数 f 的测量装置　主轴瓦上装有测力杆，通过测力计装置可由摩擦力传感器测力装置 7 读出摩擦力值，并在面板的相应数码管上显示。径向滑动轴承的摩擦因数 f 随轴承的特性系数 $\lambda = \eta n/p$ 值的改变而变化，如图 8-3 所示。在边界摩擦时，f 随 λ 的增大而变化很小；进入混合摩擦后，λ 的改变引起 f 的急剧变化。A 点是轴承由非液体摩擦向液体摩擦转变的临界点，此点的摩擦因数 f 达到最小值，此后，随 λ 的增大油膜厚度亦随之增大，因而 f 亦有所增大。

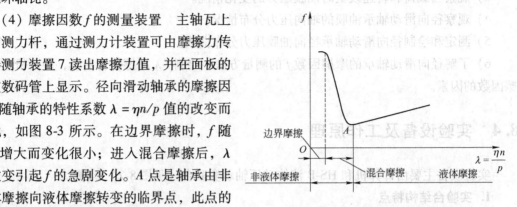

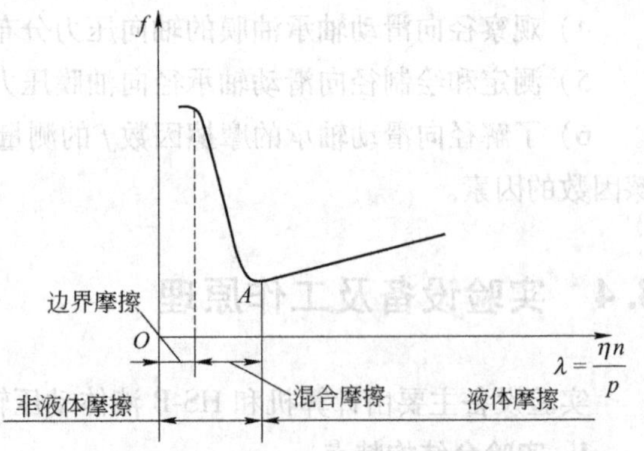

图 8-3　滑动轴承 f-λ 特性曲线

摩擦因数 f 之值可通过公式得到

$$f = (\pi 2\eta n/30\psi p) + 0.55\psi\xi$$

式中　η——润滑油的动力粘度（$N \cdot s/m^2$）；

ψ——相对间隙；

ξ——随轴承长径比而变化的系数。当 $L/d < 1$ 时，取 1.5；当 $L/d \geqslant 1$ 时，取 1；

n——轴的转速（r/min）；

p——轴承比压，$p = W/Bd$（N/mm^2）；其中 W 为轴上所受总载荷，W = 轴瓦自重 + 外加载荷，本机轴瓦自重为 40N；B 为轴瓦有效工作长度（mm）；d 为轴颈直径（mm）。

（5）摩擦状态指示装置　当主轴未转动时，轴与轴瓦是接触的，可以看到灯泡很亮；当主轴在很低的转速下慢慢转动时，会将润滑油带入轴和轴瓦之间的收敛性间隙内，但由于此时的油膜很薄，轴与轴瓦之间部分微观不平度的凸峰处仍在接触，故灯泡忽亮忽暗；当轴的转速达到一定值时，轴与轴瓦之间形成的压力油膜厚度完全遮盖两表面之间微观不平度的凸峰高度，油膜完全将轴与轴瓦隔开，灯泡则不亮。

2. 实验台主要技术参数

1）实验轴瓦：内径 D = 70mm，有效长度 B = 110mm，表面粗糙度值 Ra = 3.2μm，材料 ZQSn6-6-3。

2）加载范围：0 ~ 1000N（0 ~ 100kg）。

3）载荷传感器：精度 0.1%，量程：0 ~ 120kg。

4）摩擦力传感器：精度 0.1%，量程：0 ~ 5kg。

5）油膜压力传感器：精度 0.01%，量程：0 ~ 0.6MPa。

6）测力杆上的测力点与轴承中心距离：L = 125mm。

7）测力计标定值 K = 0.098N/Δ（N/格）；Δ 为百分表读数（格）。

8）直流伺服电动机：电动机功率 355W，电动机转速 n = 1500r/min。

9）主轴调速范围：3 ~ 500r/min。

10）实验台质量：52kg。

3. 实验台操纵面板

实验台操纵面板如图 8-4 所示。

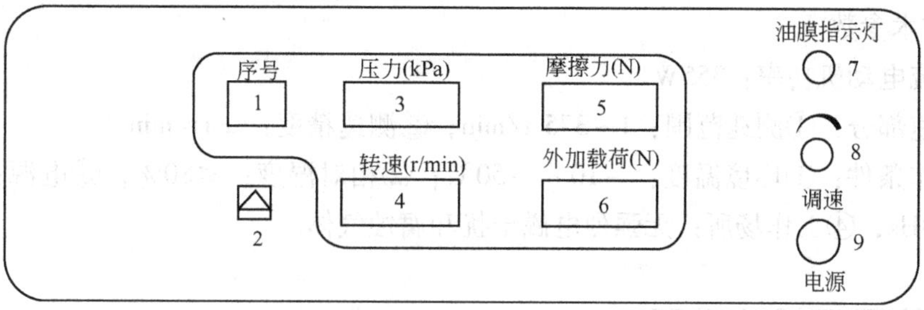

图 8-4　实验台操纵面板布置

数码管 1：显示径向、轴向传感器顺序号，1～7 号为 7 只径向传感器序号，8 号为轴向传感器序号。

数码管 3：显示径向、轴向油膜压力传感器采集的实时数据。

数码管 4：显示主轴转速传感器采集的实时数据。

数码管 5：显示摩擦力传感器采集的实时数据。

数码管 6：显示外加载荷传感器采集的实时数据。

油膜指示灯 7：用于指示轴瓦与轴颈间的油膜状态。

调速旋钮 8：用于调整主轴转速。

电源开关 9：此按钮为带自锁的电源按钮。

序号显示按钮 2：按此键可显示 1～8 号油压传感器顺序号和相应的油压传感器采集的实时数据。

4. 电气控制系统

（1）系统组成　该实验台电气测量控制系统主要由三部分组成。

1）电动机调速部分。该部分采用专用的，由脉宽调制（PWM）原理设计的直流电动机调速电源，通过调节面板上的调速旋钮实现对电动机的调速。

2）直流电源及传感器放大电路部分。该电路板由直流电源及传感器放大电路组成，直流电源主要向显示控制板和 10 组传感器放大电路（将 10 个传感器的测量信号放大到规定幅度，供显示控制板采样测量）供电。

3）显示测量控制部分。该部分由单片机、A-D 转换和 RS-232 接口组成。单片机负责转速测量和 10 路传感器信号采样，经采集的参数传输到面板进行显示。另外，各采集的信号经 RS-232 接口传输到上位机（计算机）进行数据处理。不同的油膜压力信号可通过面板上的触摸按钮选择。该功能可脱机（不需计算机）运行，手工对各采集的信号进行处理。

仪器工作时，如果轴瓦和轴颈之间无油膜，很可能会烧坏轴瓦，为此人为设计了轴瓦保护电路。若无油膜，油膜指示灯亮；正常工作时，油膜指示灯灭。

仪器的负载调节控制由三部分组成：一部分为负载传感器，另一部分为电源和负载信号放大电路，第三部分为负载 A-D 转换及显示电路。传感器为柱式传感器，在轴向布置了两个应变片来测量负载。负载信号通过测量电路转换为与之成比例的电压信号，然后通过线性放大器使峰值达到1V以上。最后该信号送至A-D转换器及显示电路，并在面板上直接显示负载值。

（2）技术参数

1）直流电动机功率：355W。

2）测速部分：①测速范围：1～375 r/min；②测速精度：±1r/min。

3）工作条件：①环境温度：－10～＋50℃；②相对湿度：≤80%；③电源：AC 220±10% V，50Hz；④工作场所：无强烈电磁干扰和腐蚀气体。

8.5　软件界面操作说明

1. 滑动轴承实验教学界面

在初始界面上非文字区单击左键，即可进入滑动轴承实验教学界面，如图8-5所示。

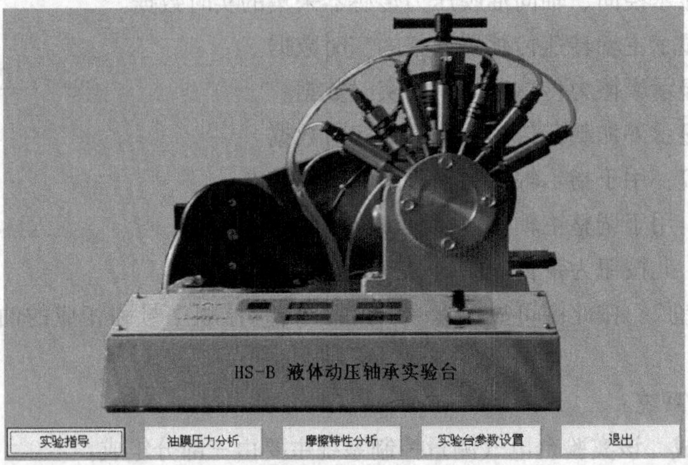

图8-5　滑动轴承实验教学界面

滑动轴承实验教学界面中各按钮功能如下。

“实验指导”：单击此按钮，进入实验指导书界面。

“油膜压力分析”：单击此按钮，进入油膜压力仿真与测试分析实验界面。

“摩擦特性分析”：单击此按钮，进入摩擦特性连续实验界面。

“实验台参数设置”：单击此按钮，进入实验台参数设置界面。

“退出”：单击此按钮，结束程序的运行，返回Windows界面。

2. 油膜压力仿真与测试分析界面

滑动轴承油膜压力仿真与测试分析界面如图8-6所示。

各按钮功能如下。

“稳定测试”：单击此按钮，进入稳定测试。

“历史文档”：单击此按钮，进行历史文档再现。

“打印”：单击此按钮，打印油膜压力的实测与仿真曲线。

“手动测试”：单击此按钮，进入油膜压力手动分析实验界面。

“返回主界面”：单击此按钮，返回滑动轴承实验教学界面。

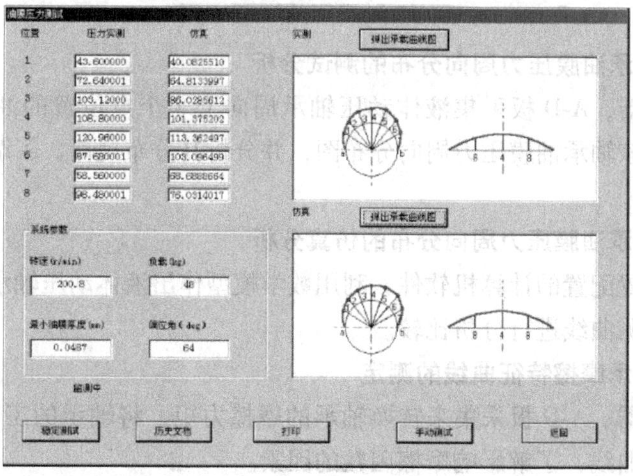

图 8-6　油膜压力仿真与测试分析界面

3. 摩擦特征仿真与测试分析界面

滑动轴承摩擦特征仿真与测试分析界面如图 8-7 所示。

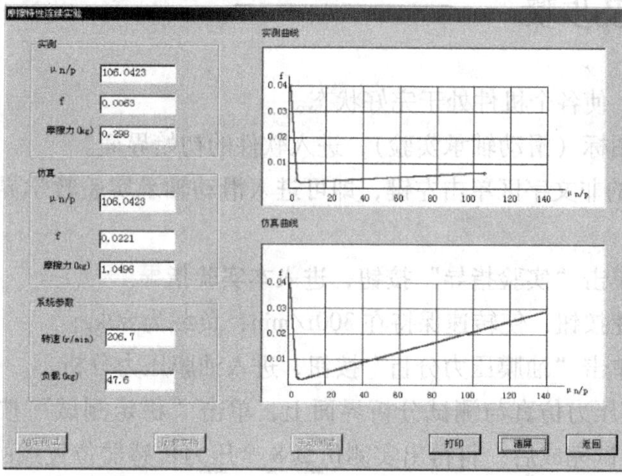

图 8-7　摩擦特征仿真与测试分析界面

各按钮功能如下：

“稳定测试”：单击此按钮，开始稳定测试。

“历史文档”：单击此按钮，进入历史文档再现。

“手动测试”：单击此按钮，输入各参数值，即可进行摩擦特性的手动测试。

“打印”：单击此按钮，打印摩擦特性连续实验的实测与仿真曲线。

“返回”：单击此按钮，返回滑动轴承实验教学界面。

8.6 实验内容

1. 液体动压轴承油膜压力周向分布的测试分析

通过压力传感器，A-D 板采集液体动压轴承周向上 8 个点位置的油膜压力，输入计算机，通过拟合作出该轴承油膜压力周向分布图，并分析其分布规律，了解影响油膜压力分布的因素。

2. 液体动压轴承油膜压力周向分布的仿真分析

通过本实验装置配置的计算机软件，利用数学模型作出液体动压轴承油膜压力周向分布的仿真曲线，与实测曲线进行分析比较。

3. 液体动压轴承摩擦特征曲线的测定

通过压力传感器、A-D 板采集来转换轴承的摩擦力矩，将轴承的工作载荷输入计算机，得出摩擦因数特征曲线，了解影响摩擦因数的因素。

4. 液体动压轴承运动模拟

通过建模，完成轴承在不同载荷作用下轴承偏心变化的运动模拟。

8.7 实验方法及步骤

1）检查实验台，使各个机件处于完好状态。

2）双击桌面上图标（滑动轴承实验），进入软件的初始界面。

3）在初始界面的非文字区单击左键，即可进入滑动轴承实验教学界面（以下简称主界面）。

4）在主界面上单击“实验指导”按钮，进入本实验指导。

5）均匀旋动调速按钮，使转速保持在 300r/min，负载为 80kg。

6）在主界面上单击“油膜压力分析”按钮，进入油膜压力分析。

在滑动轴承油膜压力仿真与测试分析界面上，单击“稳定测试”按钮，稳定采集滑动轴承各测试数据。测试完成后，将得出实测仿真 8 个压力传感器位置点的压力值。实测与仿真曲线自动绘出，同时弹出“另存为”对话框，提示保存（存档前一定要建立相应的文件夹，方便管理文档）。

再以不同的转速（≤300r/min）和载荷（≤100kg）重新测量一遍，记录、比较数据。

7）在主界面上单击“摩擦特性分析”按钮，进入摩擦特性分析。

在做滑动轴承摩擦特征仿真与测试实验时，均匀旋动调速按钮，使转速在 3 ~ 300r/min 变化，测定滑动轴承所受的摩擦力矩。

在滑动轴承摩擦特征仿真与测试分析界面上，单击“稳定测试”按钮，稳定采集滑动轴承各测试数据。一次完成后，在实测图中绘出一点。依次测试转速 3 ~ 300r/min，负载为 70kg 时的摩擦特性（最少 10 点）。全部测试完成后，单击“稳定测试”按钮旁的“结束”按钮，即可绘制滑动轴承摩擦特征实测仿真曲线图。

如需再做实验，只需单击“清屏”按钮，把实测与仿真曲线清除，即可进行下一组实验。

单击“历史文档”按钮，弹出打开对话框，依次选择保存的文档后，单击“结束”，将历史记录的滑动轴承摩擦特性的仿真曲线图和实测曲线图显示出来。

8）若实验结束，单击主界面上的“退出”按钮，返回 Windows 界面。

8.8 实验小结

1. 注意事项

1）全损耗系统用油必须过滤才能使用，使用过程中严禁灰尘和金属屑混入油内。

2）实验前及实验后要将调速旋钮旋到最低（转速为零），加载螺旋杆旋至与外加载荷传感器脱离接触。

3）旋转调速按钮，使电动机以 100～200r/min 运行 10min（此时油膜指示停应熄灭），再按实验步骤操作。

4）外加载荷传感器所加负载不允许超过 120kg，以免损坏元器件。

5）为防止主轴瓦在无油膜运转时烧坏，在面板上装有无油膜报警指示灯，正常工作时指示灯是熄灭的，严禁在指示灯亮时主轴高速运转。

6）做摩擦特征曲线测定实验时，当载荷超过 80kg 和转速小于 10r/min 时建议终止实验，否则会影响设备的使用寿命。

7）全损耗系统用油牌号的选择可根据具体环境和温度进行选择。

2. 常见问题

1）若实际测得的实验数据不太准确，应考虑如下影响因素包括实验用油是否足量、清洁，实验前是否将调速按钮置“零”，是否先起动电动机再加载等。

2）在做摩擦因数测定实验时，若油压表的压力不回零，这时需人为把轴瓦抬起，使油流出。

8.9 工程实践

滑动轴承是旋转机械重要的组成部件之一，具有回转精度高、寿命长、摩擦阻力低、耐冲击和低噪声等优点，广泛应用在高速、高精度以及重载和大转矩的场合，所以经常发生磨损、粘着等失效形式。滑动轴承的安全及稳定性将直接影响整台设备的工作性能，加强对滑动轴承的压力分布特点以及动态特性的研究对提高滑动轴承的性能、减少轴承失效具有重要作用。

油膜压力分布是滑动轴承最基本的参数之一。了解滑动轴承的油膜压力分布规律及其影响因素，有助于更好地认识滑动轴承的工作机理及油膜的形成与破裂规律，对正确设计和使用滑动轴承是十分重要的。

滑动轴承的摩擦状态是处于边界摩擦、混合摩擦还是液体摩擦，与运动副的工作条件密切相关，处于不同摩擦状态时滑动轴承的摩擦特性也不同。滑动轴承的摩擦系数是设计滑动轴承的另一个重要参数，它的数值与变化规律直接影响轴承的摩擦和润滑状态、轴承的温升及机器节能降耗等。摩擦系数的影响因素主要包括润滑油的特性、轴的转速、轴承宽度、轴承直径、轴承间隙和载荷等。

1. 挖掘机曲臂关节滑动轴承

挖掘机（如图 8-8 所示），又称挖掘机械，是一种在土石方施工中不可缺少的多用途高效率机械设备，主要进行土石方挖掘、装载，还可进行土地平整、修坡、吊装、破碎、拆迁、开沟等作业，在公路、铁路等道路施工、桥梁建设、城市建设、机场港口及水利施工中得到了广泛应用。近几年挖掘机的发展相对较快，已成为工程建设中最主要的工程机械之一。

a)　　b)

图 8-8　挖掘机

根据构造和用途不同，挖掘机可分为：履带式、轮胎式、步履式、全液压、半液压、全回转、非全回转、通用型、专用型、铰接式、伸缩臂式等多种类型。常见的挖掘机结构包括动力装置、工作装置、回转机构、操纵机构、传动机构、行走机构和辅助设施等。

挖掘机铲斗曲臂关节作为挖掘机的直接执行部件，所承受的载荷状况特别复杂，并且挖掘机曲臂关节部分处于开式环境下，同时挖掘工况复杂多变，因此铲斗曲臂关节处采用传统的滑动轴承往往无法建立足够的油膜厚度以实现流体润滑，处于边界润滑状态。滑动轴承作为易损件，它的润滑周期及使用寿命直接影响挖掘机的工作效率，因而延长轴承的寿命是提高挖掘机的工作效率最直接的手段。

滑动轴承合金层所承受的循环交变载荷是导致轴承失效的根本原因，对滑动轴承油膜压力和滑动轴承合金层应力的研究是对滑动轴承进行设计和失效分析的重要理论依据。以挖掘机曲臂关节滑动轴承为例，利用迦辽金法计算滑动轴承的油膜压力分布，得出滑动轴承的无量纲油膜压力的三维分布近似为连续的正弦分布，进而分析滑动轴承油膜压力分布和应力、应变的关系。

在分析滑动轴承的应力应变特性时，常忽略滑动轴承表面摩擦力，并假设其在完全润滑的情况下，向合金层内表面施加沿滑动轴承圆周方向和宽度方向变化的载荷，对不同材料制成的滑动轴承在相同的条件下进行应力应变特性进行对比。

滑动轴承在循环变化油膜压力作用下，合金层产生了应力及应变。滑动轴承的应力变化与油膜压力分布变化一致。当油膜压力达到峰值时，滑动轴承应力也达到峰值。滑动轴承的轴向表面应力在圆周方向的一定区域内逐渐增加，当达到峰值后急剧降低。在滑动轴承的宽度方向上从外截面到中截面应力逐渐增大，合金层轴向应力的最大值位于中截面附近。

滑动轴承在油膜压力作用下的径向变形与油膜压力分布十分相似。在一定区域内，径向变形随着油膜压力的增大而增大，当油膜压力达到最大值时，径向变形也相应达到最大值；另一方面油膜压力急剧降低后径向变形也相应缩小。同时，应变随着厚度的增加而逐渐减小，且应变在压力最大时方向发生了变化。

2. 柴油机滑动主轴承摩擦故障诊断

柴油机曲轴的磨损是柴油机的主要故障之一，故障严重时会造成粘瓦、烧轴等恶性事故，而曲轴因其材料要求高、加工工艺复杂，成为柴油机中最昂贵的部件。如果能够对轴承副的工作状况进行监测，早期发现故障并及时采取措施，则可以避免曲轴的磨损、提高曲轴工作的可靠性、降低柴油机的维修费用。所以对柴油机滑动轴承进行状态监测和故障诊断的研究具有重要的意义。

因轴承材料较软，发生摩擦时首先损坏，所以柴油机主轴承与主轴颈摩擦副的故障诊断可以看作滑动轴承的故障诊断。在所有机械设备滑动轴承的故障诊断中，动载荷滑动轴承的故障诊断是最困难的。一方面滑动轴承不像滚动轴承那样在出现故障时有较好的信号规律性，其信息特征分散、不易捕捉；另一方面，由于受到往复惯性力、气体力的强烈冲击以及其他运动部件振声信号的干扰，使得信号的不确定性更强、去除干扰更为困难。

此外，柴油机作为一种复杂的动力机械，其自身结构和工作特性决定了循环波动有其固有的特征，是一种典型的非平稳时变信号，而且是随机性很强的非平稳时变信号。采用小波分析方法对该非平稳时变信号进行处理，用于柴油机的振动故障诊断是有效可行的。小波分析是近年来国内外科技界高度关注的前沿领域，是一种新型强有力的时频分析工具，它克服了频域分析不涉及时间信息和时域分析不涉及频域信息的缺点，灵敏度高、准确可靠。

由滑动轴承的故障机理分析可知，尽管引起接触摩擦的原因很多，如轴承负荷过大、轴与轴瓦的几何加工精度或表面光洁度较低、安装同轴度误差较大、供油压力不足、润滑油温度、粘度不合适、过滤质量不达标等，但不论什么原因，其结果都是导致轴与轴瓦之间的油膜破坏，产生接触干摩擦。因此采用从正常润滑状态逐步向干摩擦状态过渡的方法来模拟故障，具体做法是在轴承达到正常润滑工作状态一段时间后关断润滑油路。随着关断时间的延长，残留的润滑油越来越少，液体润滑状态逐渐被破坏，摩擦越来越严重。因此将轴与轴瓦之间是否产生一定程度的接触干摩擦可作为判断轴承故障的依据。

首先记录下正常润滑状态时的轴承温度以及所测电压信号波形和振动信号波形，然后关断润滑油，之后每隔几分钟再记录一次轴承温度以及电压信号波形和振动信号波形。轴承温度和测量电压不仅被作为判断轴承是否出现故障的判据，而且还将作为评价故障诊断结果正确性的标准。若所测电压值在一个较小的范围内波动，表明与电压有关的油膜厚度也在一个较小的范围内波动；故障时油膜被破坏，轴与瓦之间处于断断续续的半干摩擦状态，因此电压值在一个较大的范围内波动。

利用振动信号对柴油机主滑动轴承进行状态监测和故障诊断是可行的，适于现场使用。小波分析方法用于对非平稳时变信号进行时间和频率的局域变换，相对于傅里叶变换而言，保留了柴油机的时间信息，能有效地从信号中提取特征信息，实现了对复杂机械滑动轴承故障诊断的目的，诊断效果良好。

实验报告

实验名称：____________________　实验日期：____________________

班级：________________________　姓名：________________________

学号：________________________　同组实验者：__________________

实验成绩：____________________　指导教师：____________________

（一）实验目的

（二）实验设备及主要参数

实验台型号：

轴承材料：

轴承内径：d = ________ mm。

轴承有效长度：L = ________ mm。

测力杆力臂距离：L_1 = ________ mm。

（三）实验结果

1. 油膜压力分布测试

（1）记录不同条件下油膜压力分布测试数据。

条件 1：

转速________负载________最小油膜厚度________偏位角 ________

位置	1	2	3	4	5	6	7	8
实测								
仿真								

条件 2：

转速________负载________最小油膜厚度________偏位角________

位置	1	2	3	4	5	6	7	8
实测								
仿真								

(2) 绘出两种条件下的油膜压力周向及轴向分布图。

条件 1：

条件 2：

2. 轴承摩擦特性实验

（1）记录实验数据

次数	1	2	3	4	5	6	7	8	9	10
实测	λ									
	f									
	F									
	n									
仿真	λ									
	f									
	F									
	n									

（2）在图 8-9 中绘出实测 f-λ 曲线。

图 8-9　f-λ 曲线

（四）思考问答题

1. 在实验中如何观察滑动轴承动压油膜的形成？

2. 分析影响油膜压力的因素及当转速增大或载荷增大时，油膜压力分布图的变化如何？

3. 试提出一种实验液体动压滑动轴承的加载装置和摩擦因数测量装置的新方案。

4. f-λ 曲线说明什么问题？当轴承参数改变时曲线有何变化？

5. 为什么摩擦因数 f 会随着转速的改变而改变？

6. 哪些因素会引起滑动轴承摩擦因数测定的误差？

7. 从实验所得的油膜压力分布曲线如何求油膜的承载量？

（五）实验心得、建议和探索

第 9 章　轴系结构创意设计及分析实验

9.1　概述

轴、轴承及轴上零件组合构成了轴系。它是机器的重要组成部分，具有传递运动和动力的作用，对机器的运转正常与否有着重大的影响。任何回转机械都具有轴系结构，因而轴系结构设计是机器设计中最丰富、最需具有创新意识的内容之一，轴系性能的优劣直接决定了机器的性能与使用寿命。如何根据轴的回转速度、轴上零件的受力情况决定轴承的类型，再根据机器的工作环境决定轴系的总体结构及轴上零件的轴向、周向的定位与固定等，是机械设计的重要环节。为设计出适合于机器的轴系，有必要熟悉常见的轴系结构，在此基础上才能设计出正确的轴系结构，为机器的正确设计提供核心的技术支持。

轴系结构创意设计主要包括以下内容：

1. 轴的结构设计

轴是组成机器的主要零件之一，其主要功能是支承回转零件、传递运动和动力。轴主要由三部分组成：安装传动零件轮毂的轴段称为轴头，与轴承配合的轴段称为轴颈，连接轴头和轴颈的部分称为轴身。轴头和轴颈表面都是配合表面，其余则是自由表面。配合表面的轴段直径通常应取标准值，并需确定相应的加工精度和表面粗糙度。

轴的结构设计是根据轴上零件的安装、定位以及轴的制造工艺等方面的要求，合理的确定轴的结构形式和尺寸。轴的结构设计不合理，会影响轴的工作能力和轴上零件的工作可靠性，还会增加轴的制造成本和轴上零件装配的困难等。因此，轴的结构设计是轴设计中的重要内容。

轴的结构设计主要取决于以下因素：轴在机器中的安装位置及形式；轴上安装的零件的类型、尺寸、数量以及与轴连接的方式；载荷的性质、大小、方向及分布情况；轴的加工工艺等。由于影响轴的结构的因素较多，设计时，必须具体情况具体分析。但不论何种具体条件，轴的结构都应满足以下几点：

1）轴应具有良好的加工工艺性。

2）轴上零件应便于装拆和调整。

3）轴和轴上零件要有准确的工作位置。

4）轴及轴上零件应定位准确、固定可靠。

5）轴系受力合理，有利于提高轴的强度、刚度和振动稳定性。

6）节约材料、减轻重量。

轴的结构设计包括：首先要拟定轴上零件的装配方案，这是轴的结构设计的前提，它决定着轴的基本形式。其次是确定轴上零件的轴向、周向定位方式。常用的轴向定位方式有轴肩与轴环、套筒、轴端挡圈、圆螺母、弹性挡圈、紧定螺钉等，应合理选用。周向定位方式常用的有平键联结、花键联结、过盈配合连接、销连接等。最后确定各轴段的直径和长度。确定直径时，有配合要求的轴段应尽量采用标准直径；确定长度时，尽可能使结构紧凑。同时轴的结构形式应考虑便于加工和装配轴上零件，生产率高，成本低。

2. 轴承及其设计

轴承是支承轴及轴上回转件，并降低摩擦、磨损的零件。按相对运动表面的摩擦形式，轴承分为滚动轴承和滑动轴承两大类。

常用的滚动轴承已标准化，由专门的工厂大批大量生产，在机械设备中得到广泛应用。设计时只需根据工作条件选择合适的类型，依据寿命计算确定规格尺寸，并进行滚动轴承的组合结构设计。

3. 轴系组合结构设计

在分析与设计轴与轴承的组合结构时，主要应考虑轴系的固定；轴承与轴、轴承座的配合；轴承的定位；轴承的润滑与密封；轴系强度和刚度等方面的问题。

（1）轴系的固定　为保证轴系能承受轴向力而不发生轴向窜动、轴受热膨胀后不致将轴承卡死，需要合理地设计轴系的轴向支承、固定结构。不同的固定方式，轴承间隙调整方法不同，轴系受力及补偿受热伸长的情况也不同。常见的轴系支承、固定形式有以下几种：

1）双支点单向固定（两端固定）。如图 9-1 所示，轴系两端由两个轴承支承，每个轴承分别承受一个方向的轴向力，两个支点合起来就可限制轴的双向运动。这种结构较简单，适用于工作温度较低且温度变化不大、支承跨距较小（跨距 $L \leqslant$ 350mm）的轴系。为补偿轴受热后的膨胀伸长，在轴承端盖与轴承外圈端面之间留有补偿间隙 a，$a \approx 0.2 \sim 0.4$mm。间隙的大小常用轴承盖下的调整垫片或拧在轴承盖上的螺钉进行调整。

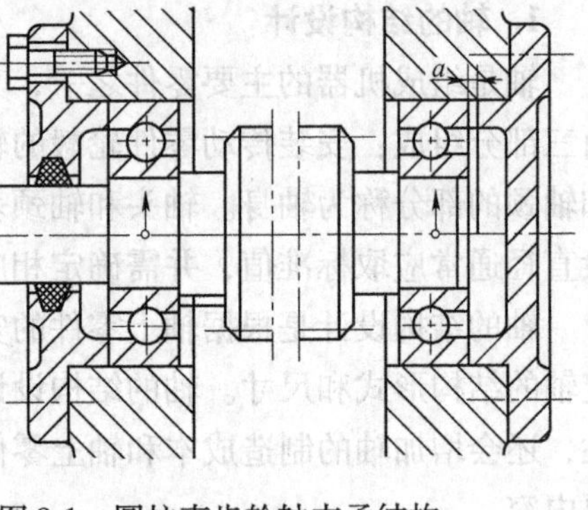

图 9-1　圆柱直齿轮轴支承结构

锥齿轮轴支承、蜗杆轴支承轴系结构如图 9-2、图 9-3 所示。

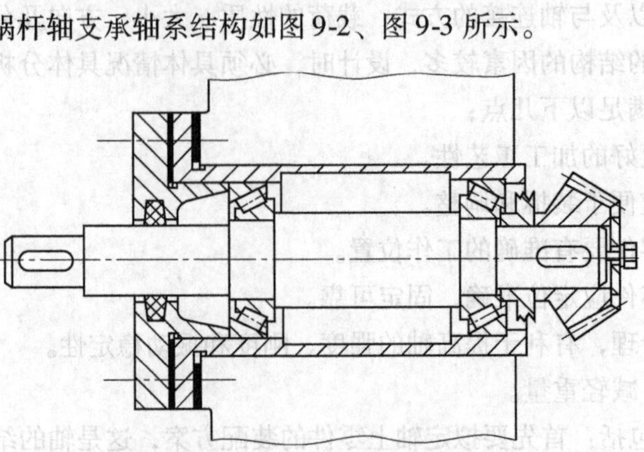

图 9-2　锥齿轮轴支承结构

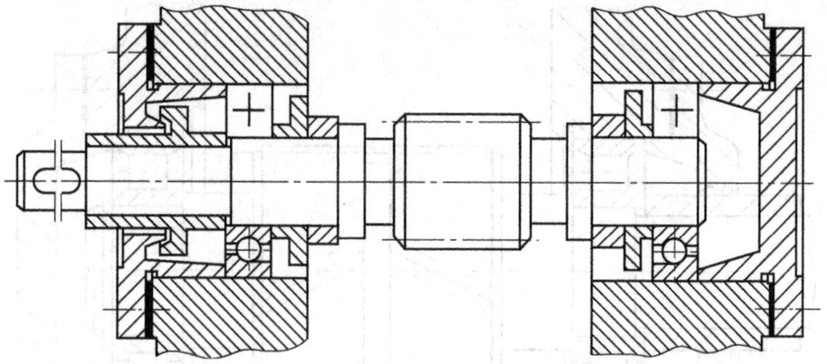

图9-3　蜗杆轴支承结构

2）一端支点双向固定、另一端支点游动（单支点双向固定）。如图9-4所示，轴系由双向固定端（左侧）的轴承承受轴向力并控制间隙，由轴向移动的游动端（右侧）轴承保证轴伸缩时支承能自由移动，不能承受轴向载荷。为避免松动，游动端轴承内圈应与轴固定。这种固定方式适用于工作温度较高、支承跨距较大（跨距 $L>350$mm）的轴系。

在选择滚动轴承作为游动支承时，若选用深沟球轴承，应在轴承外圈与端盖之间留有适当间隙（见图9-4）；若选用圆柱滚子轴承时（见图9-5），可以靠轴承本身具有内、外圈可分离的特性达到游动目的，但这时内外圈均需固定。

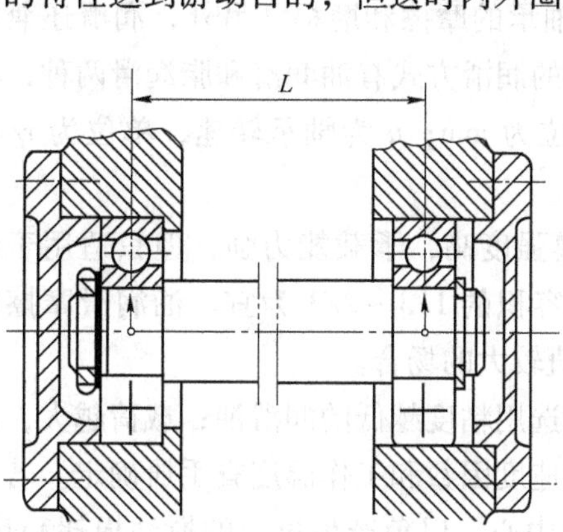

图9-4　一端固定、另一端游动支承结构（Ⅰ）

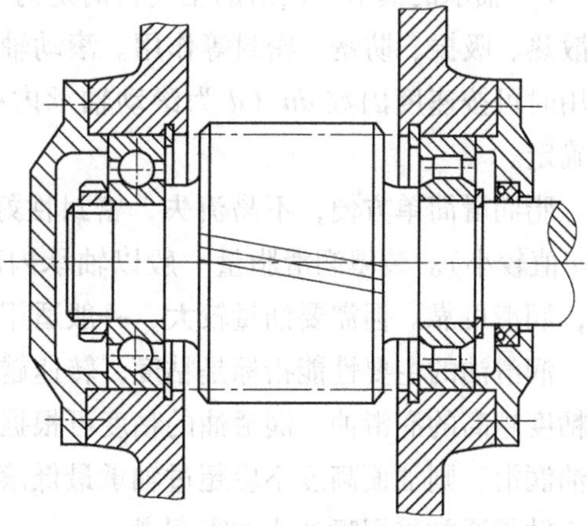

图9-5　一端固定、另一端游动支承结构（Ⅱ）

3）两端游动（一般用于人字齿轮传动）。对于一对人字齿轮轴，由于人字齿轮本身的相互轴向限位作用，它们的轴承内外圈的轴向紧固应设计成只保证其中一根轴相对机座有固定的轴向位置，而另一根轴上的两个轴承（采用圆柱滚子轴承）轴向均可游动（见图9-6），以防止齿轮卡死或人字齿的两侧受力不均匀。

（2）轴承的配合　由于轴承的配合关系到回转零件的回转精度和轴系支承的可靠性，因此在选择轴承配合时要注意以下问题：

1）滚动轴承是标准件，轴承内圈与轴的配合采用基孔制，即以轴承内孔的尺寸为基准；轴承外圈与轴承座的配合采用基轴制，即以轴承的外径尺寸为基准。

2）一般转速越高、载荷越大、振动越严重或工作温度越高的场合，应采用较紧的配

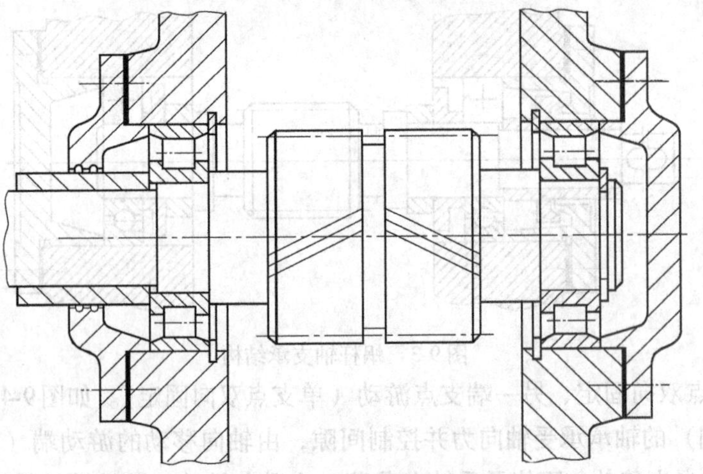

图 9-6　两端游动支承结构

合；当载荷方向不变时，转动套圈的配合应比固定套圈的紧一些；经常拆卸的轴承以及游动支承的轴承外圈，应采用较松的配合。

（3）轴承的润滑和密封　润滑和密封对于滚动轴承的使用寿命具有十分重要的影响。

1）轴承的润滑。润滑的主要目的是为了减轻轴承的摩擦和磨损。另外，润滑还兼有冷却散热、吸振、防锈、密封等作用。滚动轴承常用的润滑方式有油润滑和脂润滑两种，具体应用时可按速度因数 dn（d 为滚动轴承内径，单位为 mm；n 为轴承转速，单位为 r/min）来确定。

脂润滑简单方便，不易流失，密封性好，油膜强度高，承载能力强，但只适用于低速（dn 值较小）。装填润滑脂量一般以轴承内部空间容积的 1/3 ~ 2/3 为宜。油润滑摩擦因数小，润滑可靠。但需要油量较大，一般适用于 dn 值较大的场合。

润滑油的主要性能指标是粘度。转速越高，应选用粘度越低的润滑油；载荷越大，应选用粘度越高的润滑油。润滑油的粘度可根据轴承的速度因数和工作温度查手册确定。若采用浸油润滑，则油面高度不应超过轴承最低滚动体的中心，以免产生过大的搅油损耗和热量。高速轴承通常采用喷油或油雾润滑。

2）轴承的密封。密封的目的在于防止灰尘、水分、其他杂物进入轴承，并防止润滑剂流失。

密封方法可分为两大类：①接触式密封，如毡圈密封、唇形密封圈密封（见图 9-7a、b）等，多用于速度不太高的场合；②非接触式密封，如油沟密封、迷宫式密封（见图 9-8a、b）等，通常用于速度较高的场合。如果组合使用各种密封方法，效果更佳。

（4）轴系的刚度　轴系的刚度是保障轴上传动零件正常工作的重要条件。增大轴系的刚度，对提高其旋转精度、减少振动及噪声、保证轴承寿命是十分有利的。

首先应根据负载和其他工作条件选用合适的轴承类型。如重载或冲击载荷的场合，宜选用滚子轴承；轴转速高时应选用球轴承；轴变形大或轴和轴承座有偏移时宜采用调心轴承。还应控制轴和轴承座本身的变形，这涉及到轴的刚度设计和机架、机体零件的设计问题，可参照相应的设计资料进行。

不同支承结构与排列的轴系，其刚度不同；轴系的刚度还与传动零件在轴上的位置有关。

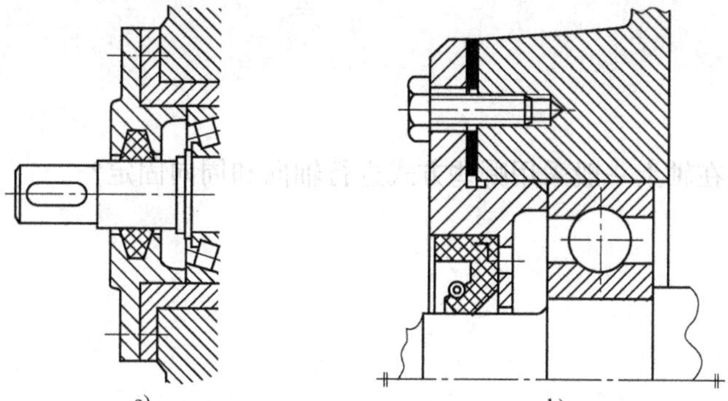

图9-7　接触式密封

a）毡圈密封　b）唇形密封圈密封

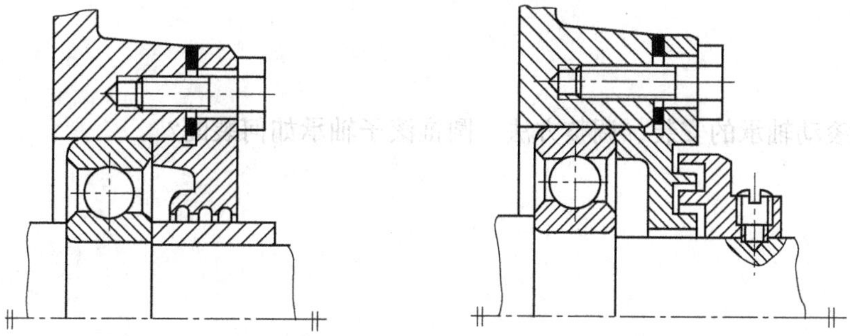

图9-8　非接触式密封

a）油沟密封　b）迷宫式密封

综上所述，轴系结构创意设计中涉及的主要是装配、制造、使用调整等问题，具有较强的实践性，在理论课上很难讲述清楚。因此，为了提高学生对轴系结构的设计能力，通过本实验来熟悉和掌握轴系的结构设计和轴承的组合设计，加深课堂上所学知识的理解与记忆，可大大提高工程实践能力，为后续的综合课程设计训练打好基础。

9.2　预习作业

1. 轴为什么要做成阶梯形状？如何区分轴上的轴头、轴颈、轴身各段？它们的尺寸是根据什么来确定的？轴各段的过渡部位结构应注意什么？

2. 何谓转轴、心轴、传动轴？自行车的前轴、中轴、后轴及脚踏板的轴分别属于什么类型的轴？

3. 齿轮、带轮在轴上一般采用哪些方式进行轴向和周向固定？

4. 滚动轴承的配合指的是什么？作用是什么？

5. 简述滚动轴承的安装、调整方法。圆锥滚子轴承如何装配？

6. 简述轴系结构的特点。

9.3 实验目的

1）熟悉和掌握轴的结构及其设计，弄懂轴及轴上零件的结构形状及功能、加工工艺和装配工艺。

2）熟悉并掌握轴及轴上零件的定位与固定方法。

3）熟悉和掌握轴系结构设计的基本要求与常用轴系结构的基本形式。

4）了解滚动轴承的类型、布置、安装及调整方法，以及润滑和密封方式。

5）掌握滚动轴承组合设计的基本方法。

9.4 实验设备及工具

（1）JDI-A 型轴系结构创意设计及分析实验箱　主要包括：

1）若干模块化轴段，可用来组装成不同结构形状的阶梯轴。

2）各种零件，如齿轮、蜗杆、带轮、联轴器、轴承、轴承座、轴承端盖、键、套环、套筒、圆螺母、轴端挡圈、止动垫圈、弹性挡圈、螺钉、螺母、密封元件等，零件材料为铝合金，采用精密加工方式制作而成。供学生按照设计思路进行装配和模拟设计，能方便地组合出多种轴系结构方案。

（2）工具　活扳手，螺钉旋具，游标卡尺，内、外卡钳，300mm 钢直尺，铅笔，三角板，圆规等。

9.5　实验原理

进行轴的结构设计时，通常首先按扭转强度初步计算出轴的最小直径，然后在此基础上全面考虑轴上零件的布置、定位、固定、装拆、调整等要求，以及减少轴的应力集中，保证轴的结构工艺等因素，以便经济合理地确定轴的结构。

1. 轴上零件的布置

轴上零件应布置合理，使轴受力均匀，提高轴的强度。

2. 轴上零件的定位和固定

零件安装在轴上，要有一个确定的位置，即要求定位准确。轴上零件的轴向定位是以轴肩、套筒、轴端挡圈和圆螺母等来保证的；轴上零件的周向定位是通过键、花键、销、紧定螺钉以及过盈配合来实现的。

3. 轴上零件的装拆和调整

为了使轴上零件装拆方便，并能进行位置及间隙的调整，常把轴做成两端细中间粗的阶梯轴，为装拆方便而设置的轴肩高度一般可取为 1 ~ 3 mm，安装滚动轴承处的轴肩高度应低于轴承内圈的厚度，以便于拆卸轴承。轴承间隙的调整，常用调整垫片的厚度来实现。

4. 轴应具有良好的制造工艺性

轴的形状和尺寸应满足加工、装拆方便的要求。轴的结构越简单，工艺性越好。

5. 轴上零件的润滑

滚动轴承的润滑可根据速度因数 dn（d 为滚动轴承内径，单位为 mm；n 为轴承转速，单位为 r/min）值选择油润滑或脂润滑，不同的润滑方式采用的密封方式不同。

9.6　实验内容及要求

1）从轴系结构设计实验方案表（见表 9-1）中选择设计实验方案号。

2）根据选定的实验设计方案绘出轴系结构设计装配草图，绘制装配草图时应注意：①应该符合轴的结构设计、轴承组合设计的基本要求，如轴上零件的固定、拆装、轴承间隙的调整、轴的结构工艺性等；②标出图上的配合尺寸、公差带代号等。

3）进行轴的结构设计与滚动轴承组合设计。每组学生根据规定的设计条件和要求，并参考绘制的装配草图，确定需要哪些轴上零件，进行轴系结构设计。解决轴承类型选择，轴上零件的固定、装拆，轴承游隙的调整，轴承的润滑、密封，轴的结构工艺性等问题。

表 9-1　轴系结构设计方案

方案类型	方案号	已知条件				轴系布置示意图	跨距 l/mm
		齿轮类型	载荷	转速	其他条件		
单级齿轮减速器输入（出）轴	1-1	小直齿轮	轻	低	输入轴	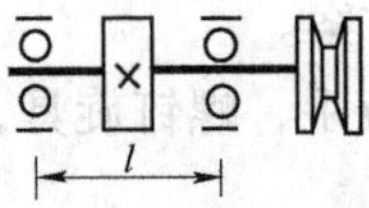	95
	1-2		中	高	输入轴		
	1-3	大直齿轮	中	低	输出轴	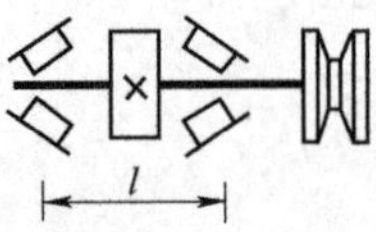	
	1-4		重	中	输出轴		
	1-5	小斜齿轮	轻	中	输入轴		
	1-6		中	高	输入轴		
	1-7	大斜齿轮	中	中	输出轴 轴承反装	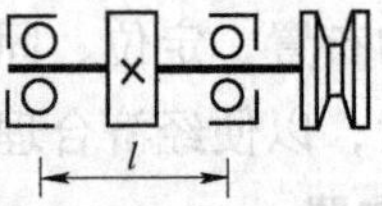	
	1-8		重	低	输出轴		
二级齿轮减速器输入（出）轴	2-1	小直齿轮	轻	高	输入轴	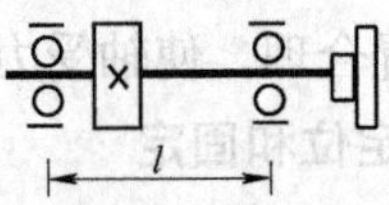	145
	2-2	大直齿轮	中	中	输出轴		
	2-3	小斜齿轮	中	高	输入轴	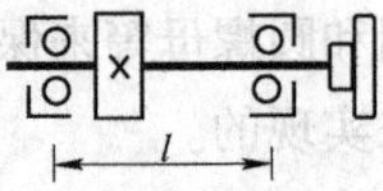	
	2-4	大斜齿轮	重	低	输出轴		
	2-5	小锥齿轮	轻	低	锥齿轮轴	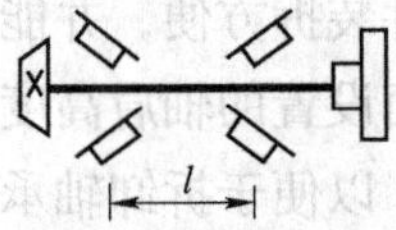	75
	2-6		中	高	锥齿轮与轴分开		
二级齿轮减速器中间轴	3-1	小斜齿轮 大直齿轮	中	中		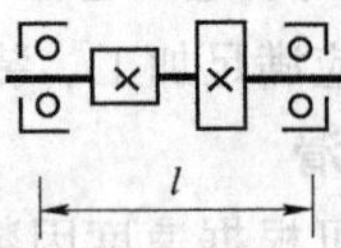	135
	3-2	小直齿轮 大斜齿轮	重	中		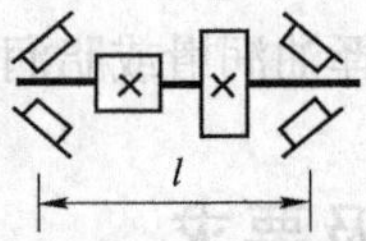	
蜗杆减速器输入轴	4-1	蜗 杆	轻	低	发热量小	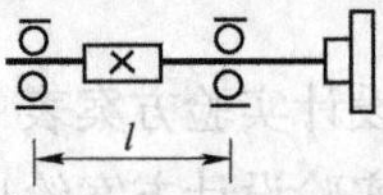	157
	4-2	蜗 杆	重	中	发热量大	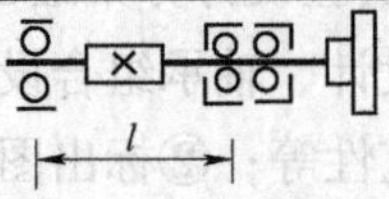 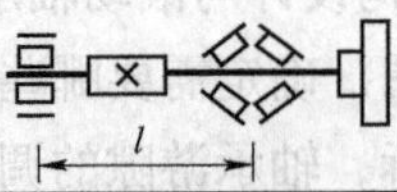	168

4）绘制轴系结构设计装配图。

5）每人编写实验报告一份。

9.7　实验方法及步骤

1）明确实验内容，理解设计要求。

2）复习有关轴的结构设计与轴承组合设计的内容与方法（参看教材有关章节）。

3）构思轴系结构方案，绘制轴系结构设计装配草图，步骤如下：

①　根据轴系方案选出所需的齿轮和轴。

②　根据齿轮类型选择滚动轴承型号。

③　确定支承轴向固定方式（两端单向固定；一端双向固定、一端游动）。

④　根据齿轮圆周速度（高、中、低）确定轴承的润滑方式（脂润滑、油润滑）。

⑤　选择轴承端盖形式（凸缘式、嵌入式），并考虑透盖处密封方式（毡圈密封、唇形密封、油沟密封等）。

⑥ 考虑轴上零件的定位与固定，轴承间隙调整等问题。

⑦ 绘制轴系结构设计装配草图。

4）组装轴系部件。根据轴系结构设计装配草图，从实验箱中选取合适的零件，按照装配工艺要求顺序装到轴上，完成轴系结构设计。

5）检查轴系结构设计是否合理，并对不合理的结构进行修改。合理的轴系结构应满足下列要求：

① 轴上零件装拆方便，轴的加工工艺性良好。

② 轴上零件的轴向固定、周向固定可靠。

③ 一般滚动轴承与轴过盈配合、轴承与轴承座孔间隙配合。

④　滚动轴承的游隙调整方便。

⑤　锥齿轮传动中，其中一锥齿轮的轴系设计要求锥齿轮的位置可以轴向调整。

6）测绘各零件的实际结构尺寸（对机座不测绘、对轴承座只测量其轴向宽度），作好记录。

7）将实际零件放回箱内，排列整齐，工具放回原处。

8）根据结构草图及测量数据，在实验报告上按 1:1 比例绘制轴系结构设计装配图，要求装配关系表达正确。

9.8　自检提纲

1）轴上各键槽是否在同一条素线上。

2）轴上各零件能否装到指定位置。

3）轴上零件的轴向、周向是否固定可靠。

4）轴承能否拆下。

5）轴承游隙是否需要调整，如何调整。

6）轴系位置是否需要调整，如何调整。

7）轴系能否实现工作的回转运动，运动是否灵活。

9.9 注意事项

1）因实验条件限制，本实验忽略过盈配合的松紧程度、轴肩过渡圆角及润滑问题。

2）绘制轴系结构设计装配图时，应在图中标出：①主要轴段的直径和长度、轴承的支承跨距；②齿轮直径与宽度；③主要零件的配合尺寸，如滚动轴承与轴的配合、滚动轴承与轴承座的配合、齿轮（或带轮）与轴的配合尺寸等；④轴及轴上各零件的序号。

9.10 工程实践

轴系是机器中应用最为广泛的部件之一，一切作回转运动的传动零件都必须安装在轴上才能进行运动及动力的传递，轴系设计质量的好坏直接影响到机器的工作状态。轴需要用滚动轴承或滑动轴承来支撑，机床主轴的强度和刚度主要取决于轴的支撑方式和轴的工作能力。

轴系的结构设计没有固定的标准，要根据轴上零件的布置和固定方法，轴上载荷大小、方向和分布情况，以及对轴的加上和装配方法等因素决定。为保证滚动轴承轴系正常工作，即正常传递力并且不发生窜动，要正确选用轴承的类型和型号，还需要合理设计轴承组合，考虑轴系的固定、轴承与相关零件的配合、提高轴承系统的刚度等。轴的结构设计要以轴上零件的拆装是否方便、定位是否准确、固定是否可靠来衡量轴结构设计的优劣。轴的结构设计要涵盖轴的合理外形和全部尺寸，要满足强度、刚度以及装配加工要求，需要拟定几种不同的方案进行比较，轴的设计要越简单越好。

1. 轮胎压路机后轮轴系结构

轮胎压路机（如图 9-9 所示）是一种依靠机械自身重力，利用充气轮胎的特性对铺层材料以静力压实作用来增加工作介质密实度的压实机械，广泛应用于各种材料的基础层、次基础层、填方及沥青面层的压实作业：尤其是在沥青路面压实作业时，其独特的柔性压实功能是其他压实设备无法代替的，是沥青混合料复压的主要机械，也是建设高等级公路、机场、港口、堤坝及工业建筑工地的理想压实设备。

轮胎压路机不但有垂直压实力，还有沿机械行驶方向和沿机械横向的水平压实力，压实过程有揉搓作用，使压实层颗粒相嵌而不被破坏，产生了极好的压实效果和较好的密实性及均匀性。另外，轮胎压路机还可通过增减配重、改变轮胎充气压力，适应压实各种材料。轮胎式压路机采用液压、液力或机械传动系统，采用单轴或全轴驱动方式。

压路机的后轮轴系结构是影响压路机工作性能的重要因素，对其后轮轴系结构进行改进，可大大提高压路机的工作性能，从而提高道路工程建设的质量和效率。

压路机在使用过程中会出现一些问题如轴的强度不够、轴承的使用寿命短等，从而影响

图 9-9　轮胎压路机

压路机的工作性能和使用寿命，而造成强度不够、寿命短的主要原因是后轮轴的结构和尺寸不合理。因此，改进后轮的轴系结构、进行结构优化设计，对提高轮胎压路机的工作性能和使用寿命，具有十分重要的意义。

改进方法之一是将轮胎压路机后轮轴的部分直径增大，同时重新设计后轮轴上的轴承型号。并对轴进行设计计算和强度校核，对轴承进行选型设计和寿命计算。后轮轴系结构改进后，轴的应力降低了 23%；轴承重新选型后，其寿命提高了 1 倍。因此，优化设计后的结构能很好地满足轮胎压路机的工作性能，使轮胎压路机的使用寿命大大延长。

2. 直驱式风电机组主轴系结构

风电机组的主轴系结构主要包括主轴、主轴承、轴承座及其定位和密封零件。主轴系是风电机组主传动链的重要组成部分，是机组传递载荷的主要部件，其性能的好坏不仅影响风能转换效率，而且决定了主传动链的维护成本。由于主传动链形式的不同，风电机组主轴系的结构方案亦有多种形式。对于带齿轮箱的机组，主轴系的结构形式主要包括三点支撑形式、两点支撑形式和与齿轮箱集成的形式；对于直驱式风电机组，主轴系的结构形式主要包括双主轴承形式、单主轴承形式以及轮毂内主轴承形式。风电机组中多使用球面滚子轴承、圆柱滚子轴承和圆锥滚子轴承作为主轴承。一个双列圆锥滚子轴承、两个单列圆锥滚子轴承组合使用是应用于直驱式风电机组主轴系的两种常用轴承布置形式。随着单机容量的增加，单个双列圆锥滚子轴承的直径必须足够大，以抵抗不断增加的载荷，因此该轴系的成本会越来越高。

下面分别计算以上两种主轴系的轴承寿命，并从整机角度对这两种轴系结构方案作对比分析，为直驱式机组主轴系的结构设计及主轴承选型提供参考。

（1）轴承寿命对比

方案一为一个双列圆锥滚子轴承支撑的轴系布置，方案二为两个相同规格的单列圆锥滚子轴承支撑的轴系布置。通过计算得出方案二中的轴承寿命比方案一中的轴承寿命更长，使用两个单列圆锥滚子轴承作为主轴承能够满足寿命要求。

（2）轴系结构对比

评估一个轴系的合理性，不仅要看主轴承配置，还要看主轴系结构对整机的影响。分析风电机组故障的统计结果可以发现，变桨系统故障占很大的比例，所以经常需要工人进入轮毂内部进行维护。方案一中，维护人员可以由机舱内部经空心主轴直接进入轮毂内部；而方案二中，主轴的空心直径小，维护人员需经直驱电机的定转子支架进入轮毂外部，所以方案一使得叶轮的可到达性更加便利，机组的可维护性更好。方案二的两个圆锥滚子轴承的间距大，主轴的长度比方案一长，在同样的温差下，方案二的主轴热膨胀量要大，其主轴承在运行过程中不能一直保持在最佳游隙，影响主轴承的寿命。装配工艺性方面，方案二中轴承的游隙是在装配过程中确定的，并且两个轴承的游隙相互影响：而方案一中的轴承在轴承出厂前就已经设置在最佳值，不需要在总装车间调整，所以方案一的装配工艺性比方案二好。

（3）结论

通过对两种方案的计算结果分析可发现，双列圆锥滚子轴承作为主轴承存在两列滚子受力不均的缺陷，而轴承寿命结果表明，通过合理的选取轴承，可以使用两个直径较小的单列圆锥滚子轴承代替一个直径较大的双列圆锥滚子轴承作为主轴承。但与方案二相比，方案一具有更好的装配工艺性、可维护性。因此，在设计主轴系时应综合权衡各种因素，做出最优选择。

附：轴系结构示例（见图 9-10 ~ 图 9-17）。

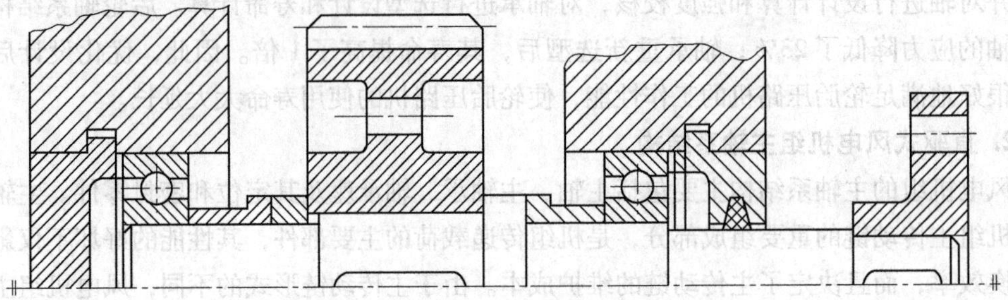

图 9-10　圆柱齿轮轴系结构示例一

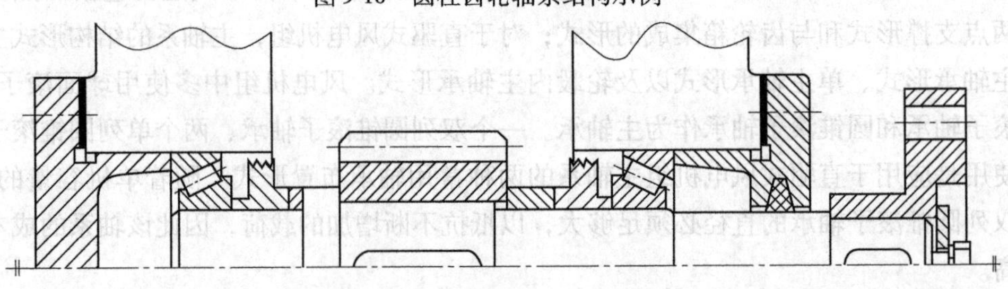

图 9-11　圆柱齿轮轴系结构示例二

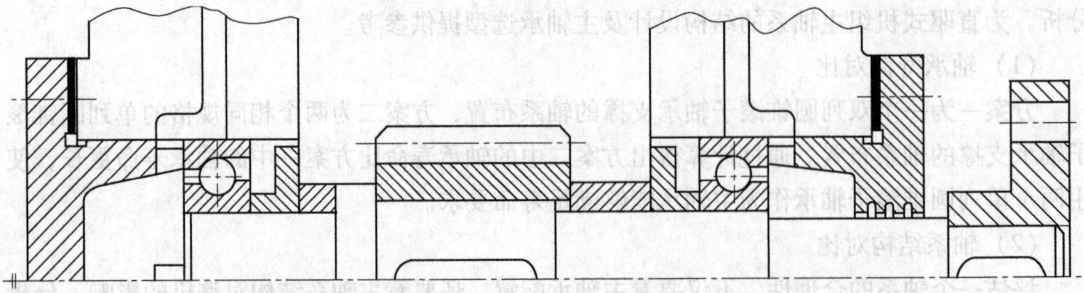

图 9-12　圆柱齿轮轴系结构示例三

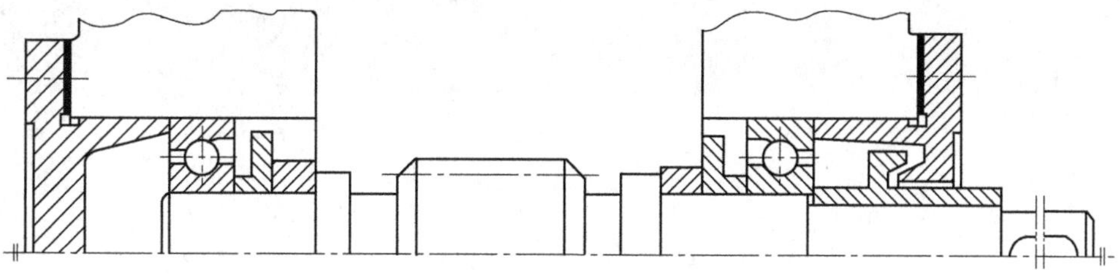

图 9-13　蜗杆轴系结构示例一

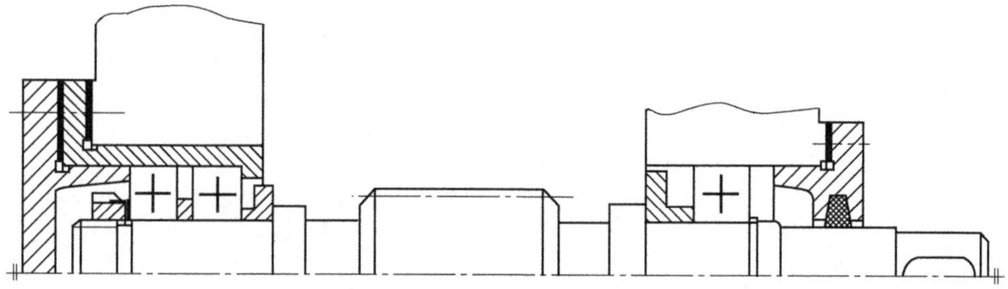

图 9-14　蜗杆轴系结构示例二

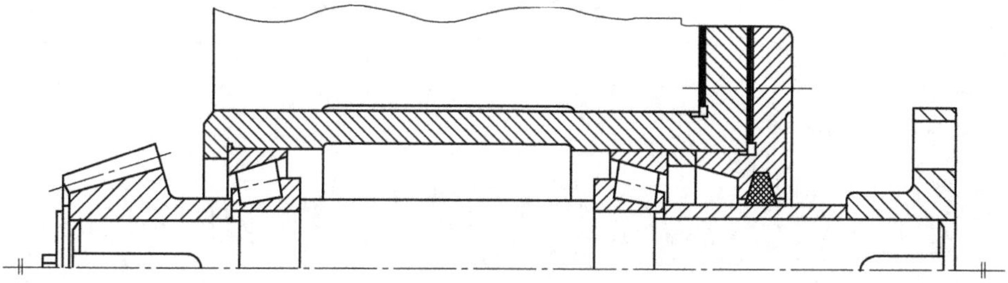

图 9-15　小锥齿轮轴系结构示例一

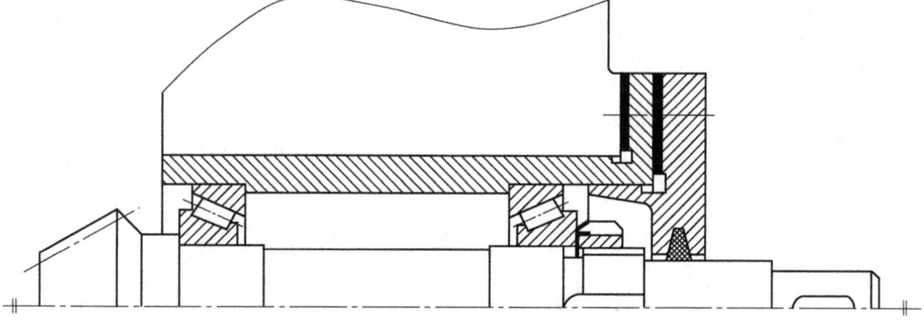

图 9-16　小锥齿轮轴系结构示例二

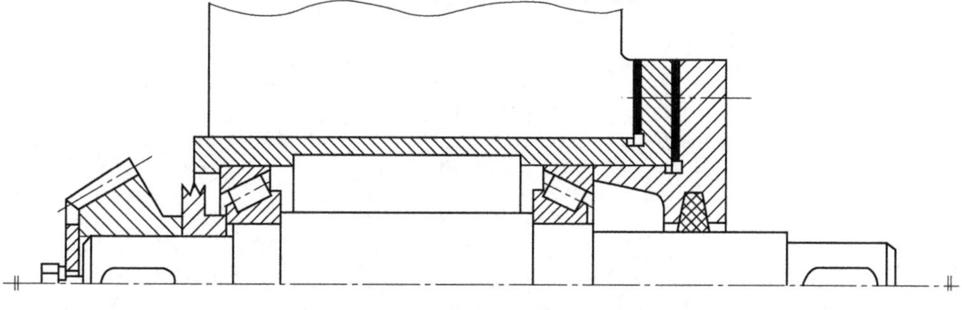

图 9-17　小锥齿轮轴系结构示例三

实 验 报 告

实验名称：________________　　实验日期：________________

班级：________________　　姓名：________________

学号：________________　　同组实验者：________________

实验成绩：________________　　指导教师：________________

（一）实验目的

（二）实验设备

（三）实验结果

轴系类型：____________

方案编号：____________

1. 对所组装的轴系结构进行分析（简要说明轴上零件如何装拆、定位与固定，滚动轴承的装拆、调整、润滑与密封等问题）。

2. 绘制轴系结构设计装配图。

（四）思考问答题

1. 轴系结构一般采用什么形式？如工作轴的温度变化很大，则轴系结构一般采用什么形式？人字齿轮传动的其中一根轴应采用什么样的轴系结构形式？

2. 轴承的间隙是如何调整的？调整方式有何特点？

3. 你所设计的轴系结构中，轴承在轴上的轴向位置是如何固定的？轴系中是否采用了轴肩、挡圈、螺母、紧定螺钉、定位套筒等零件？它们起何作用？结构形状有何特点？

4. 火车轮毂单元中，滚动轴承与轴通常采用什么配合形式？滚动轴承与车轮一般采用什么配合形式？

5. 轴上的两个键槽或多个键槽为什么常常设计成同在一条素线上？

6. 滚动轴承一般采用什么润滑方式进行润滑？润滑剂的选择依据有哪些？

7. 你所设计的轴系结构中，轴承选用的类型是什么？它们的布置和安装方式有何特点？

8. 滚动轴承一般采用什么样的密封装置？有何特点？

（五）实验心得、建议和探索

第 10 章　减速器的拆装与结构分析实验

10.1　概述

减速器是由封闭在箱体内的齿轮传动或蜗杆传动所组成、具有固定传动比的独立部件。为了提高电动机的效率，原动机提供的回转速度一般比工作机械所需的转速高，因此减速器常安装在机械的原动机与工作机之间，用以降低输入的转速并相应地增大输出的转矩，在机器设备中被广泛采用。减速器具有固定传动比、结构紧凑、机体封闭并有较大刚度、传动可靠等特点。某些类型的减速器已有标准系列产品，由专业工厂成批量生产，可以根据使用要求选用；在传动装置、结构尺寸、功率、传动比等有特殊要求，选择不到适当的标准减速器时，则可自行设计制造。

作为机械类、近机械类专业的学生，有必要熟悉减速器的类型、结构与设计。本实验的主要目的是为了解减速器的结构、主要零件的加工工艺性。对于详细的减速器技术设计过程，在“机械设计（基础）课程设计”这门课程中予以介绍。

1. 减速器的类型

减速器按用途分为通用减速器和专用减速器两大类。依据齿轮轴线相对于机座的位置固定与否，又分为定轴传动减速器（普通减速器）和行星齿轮减速器。本实验介绍定轴传动的通用减速器。这类减速器又分为齿轮减速器、蜗杆减速器、蜗杆—齿轮减速器等三类，每一类又有单级和多级之分。几种常用减速器的类型、特点及应用列于表 10-1 中。

（1）齿轮减速器　齿轮减速器传动效率高、工作可靠、寿命长、维护简便，因而应用很广泛。但受外廓尺寸及制造成本的限制，其传动比不能太大。这类减速器有单级圆柱齿轮减速器、展开式二级圆柱齿轮减速器、同轴式圆柱齿轮减速器、分流式二级圆柱齿轮减速器、单级锥齿轮减速器和二级锥齿轮—圆柱齿轮减速器等几种，见表 10-1 所示。

表 10-1　常用减速器的类型、特点及应用

类型		简图	推荐传动比	特点及应用
单级圆柱齿轮减速器		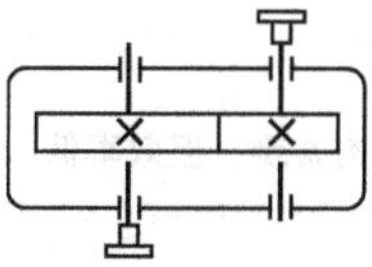	3～5	轮齿可为直齿、斜齿或人字齿，箱体通常用铸铁铸造，也可用钢板焊接而成。轴承常用滚动轴承，只有重载或特高速时才用滑动轴承
二级圆柱齿轮减速器	展开式	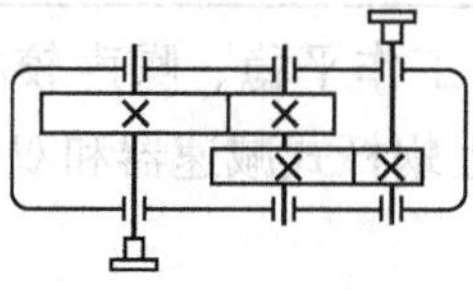	8～40	高速级常为斜齿，低速级可为直齿或斜齿。由于齿轮相对轴承布置不对称，要求轴的刚度较大，并使转矩输入、输出端远离齿轮，以减少因轴的弯曲变形引起载荷沿齿宽分布不均匀。结构简单，应用最广

（续）

类型		简图	推荐传动比	特点及应用
二级圆柱齿轮减速器	分流式	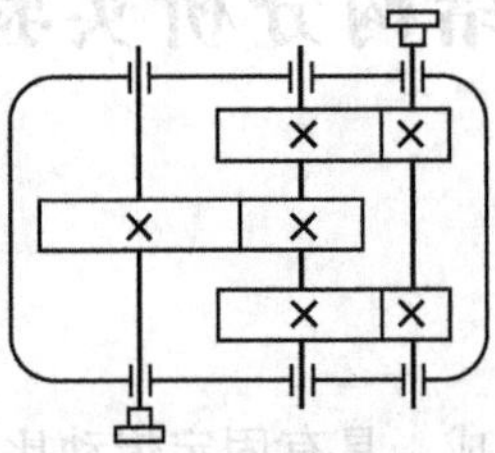	8～40	一般采用高速级分流。由于齿轮相对轴承布置对称，因此齿轮和轴承受力较均匀。为了使轴上总的轴向力较小，两对齿轮的螺旋线方向应相反。结构较复杂，常用于大功率、变载荷的场合
	同轴式	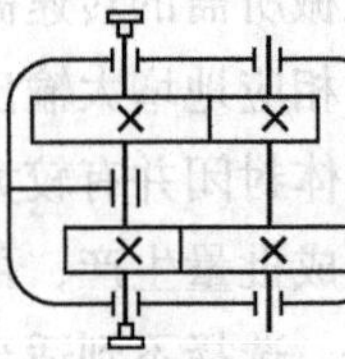		减速器的轴向尺寸较大，中间轴较长，刚度较差 当两个大齿轮浸油深度相近时，高速级齿轮的承载能力不能充分发挥。常用于输入和输出轴同轴线的场合
单级锥齿轮减速器		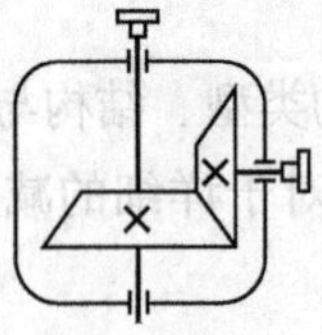	2～4	传动比不宜过大，以减小锥齿轮的尺寸，利于加工。仅用于两轴线垂直相交的传动中
圆柱、锥齿轮减速器		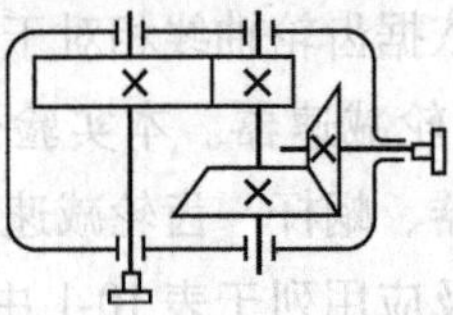	8～15	锥齿轮应布置在高速级，以减小锥齿轮的尺寸。锥齿轮可为直齿或曲线齿。圆柱齿轮多为斜齿，使其能与锥齿轮的轴向力抵消一部分
蜗杆减速器		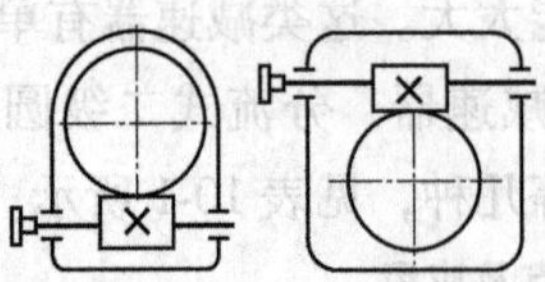	10～80	结构紧凑，传动比大，但传动效率低，适用于中、小功率、间隙工作的场合。当蜗杆圆周速度 $v \leq 4 \sim 5\text{m/s}$ 时，蜗杆为下置式，润滑冷却条件较好；当 $v > 4 \sim 5\text{m/s}$ 时，油的搅动损失较大，一般蜗杆为上置式
蜗杆、齿轮减速器		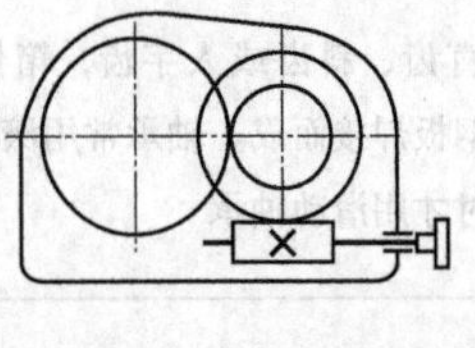	60～90	传动比大，结构紧凑，但效率低

（2）蜗杆减速器　蜗杆减速器结构紧凑、传动比大、工作平稳、噪声较小，但传动效率低。这类减速器有下蜗杆式减速器、侧蜗杆式减速器、上蜗杆式减速器和双级蜗杆减速器等几种。

（3）蜗杆—齿轮减速器　蜗杆—齿轮减速器兼有蜗杆减速器和齿轮减速器的传动特点。

通常把蜗杆传动作为高速级，因为在高速时，蜗杆传动的效率较高。

2. 减速器的结构

减速器的种类繁多，但其基本结构是由箱体、轴系零件和附件三部分组成。图 10-1 所示为单级圆柱齿轮减速器结构图。

（1）箱体　箱体是减速器中所有零件的基座，用来支承和固定轴系零件，是保证传动零件的啮合精度、良好润滑及密封的重要零件，其重量约占减速器总重量的 50%。因此，箱体结构对减速器的工作性能、加工工艺、材料消耗、重量及成本等有很大影响，设计时必须全面考虑。

为保证传动件轴线相互位置的正确性，箱体上的轴孔必须精确加工。箱体一般还兼做润滑油的油箱，具有充分润滑和很好地密封箱内零件的作用。为保证具有足够的强度和刚度，箱体要有一定的壁厚，并在轴承座孔处设置肋板，以免引起沿齿轮齿宽上的载荷分布不匀。

为了便于轴系零件的安装和拆卸，箱体通常制成剖分式结构。如图 10-1 所示，箱体分成箱座和箱盖两部分。剖分面一般取在轴线所在的水平面内（即水平剖分），以便于加工。剖分面之间不允许用垫片或其他填料（必要时为了防止漏设，允许在安装时涂一层薄的水玻璃或密封胶），否则会破坏轴承和孔的配合精度。箱盖和箱座之间用螺栓连接成一整体，为了使轴承座旁的连接螺栓尽量靠近轴承座孔，并增加轴承支座的刚性，应在轴承座旁制出凸台。设计螺栓孔位置时，应注意留出足够的扳手空间。

箱体通常用灰铸铁（HT150 或 HT200 等）铸成。对于受冲击载荷的重型减速器，也可采用铸钢箱体。单件生产时为了简化工艺、降低成本，可采用钢板焊接箱体。

（2）轴系零件　轴系零件包括传动件（直齿轮、斜齿轮、锥齿轮、蜗杆等）、支承件（轴、轴承等）及这些传动件和支承件的固定件（键、套筒、垫片、端盖等）。

1）轴。减速器中的齿轮、轴承、蜗轮、套筒等都需要安装在轴上。为使轴上零件安装、定位方便，大多数轴需制作成阶梯状。轴的设计应满足强度和刚度的要求，对于高速运转的轴，要注意振动稳定性的问题。轴的结构设计应保证轴和轴上零件有确定的工作位置，轴上零件应便于装拆和调整，轴应具有良好的制造工艺性。轴的材料一般采用碳钢和合金钢。

2）齿轮。由于齿轮传动具有传动效率高、传动比恒定、结构紧凑、工作可靠等优点，因此减速器都采用齿轮传动。齿轮采用的材料有锻钢、铸钢、铸铁、非金属材料等。一般用途的齿轮常采用锻钢，经热处理后切齿，用于高速、重载或精密仪器的齿轮还要进行磨齿等精加工；当齿轮的直径较大时采用铸钢；速度较低、功率不大时用铸铁；高速轻载和精度要求不高时可采用非金属材料。若高速级的小齿轮直径和轴的直径相差不大时，可将小齿轮与轴制成一体。大齿轮与轴分开制造，用普通平键作周向固定。

图 10-1 中的齿轮传动采用油池浸油润滑，大齿轮的轮齿浸入油池中，靠它把润滑油带到啮合处进行润滑。多级传动的高速级齿轮亦可采用带油轮、溅油环来润滑，也可把油池按高、低速级传动隔开，并按各级传动的尺寸大小分别决定相应的油面高度。

3）轴承。绝大多数中、小型减速器都采用滚动轴承作支承。轴承端盖与箱体座孔外端面之间垫有调整垫片组，以调整轴承游隙，保证轴承正常工作。当滚动轴承采用油润滑时，

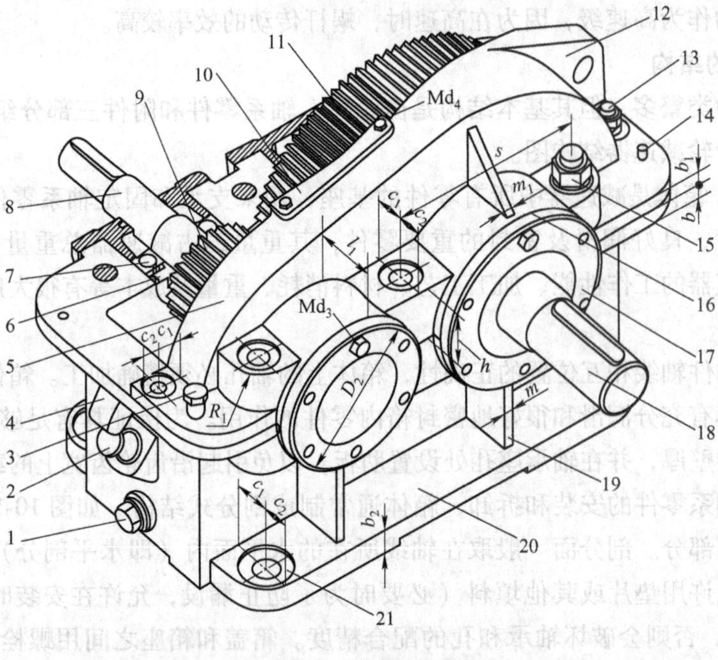

图10-1 减速器的结构

1—油塞 2—油标尺 3—起盖螺钉 4—吊钩 5—箱盖 6—挡油环 7—轴承 8—高速轴 9—小齿轮 10—检查孔盖 11—大齿轮 12—吊耳 13—箱盖连接螺栓（Md_2） 14—定位销 15—轴承旁连接螺栓（Md_1） 16—调整垫片 17—端盖 18—低速轴 19—肋板 20—箱座 21—地脚螺栓孔（Md_f）

需保证油池中的油能飞溅到箱体的内壁上，再经箱盖斜口、输油沟流入轴承。为使箱盖上的油导入油沟，应将箱盖内壁分箱面处的边缘切出边角。当滚动轴承采用脂润滑时，为防止箱体内的润滑油进入轴承和润滑脂流失，应在轴承和齿轮之间设置挡油环。为防止箱内润滑油泄漏以及外界灰尘、异物侵入箱体，轴外伸的轴承端盖孔内应装有密封元件。

4）端盖。为固定轴承、调整轴承游隙并能承受轴向载荷，轴承座孔两端用端盖封闭。端盖有嵌入式和凸缘式两种。嵌入式结构紧凑，重量轻，但承受轴向力的能力差，不易调整。凸缘式端盖应用较普遍，可承受较大的轴向力，但结构尺寸较大。

（3）减速器附件

1）定位销。在精加工轴承座孔前，在箱盖和箱座的连接凸缘上配装定位销，以保证箱盖和箱座的装配精度，同时也保证了轴承座孔的精度。两定位圆锥销应设在箱体纵向两侧连接凸缘上，距离较远且不宜对称布置，以加强定位效果。定位销长度要大于连接凸缘的总厚度，定位销孔应为通孔，便于装拆。

2）检查孔（观察孔）盖板。为检查传动零件的啮合情况，并向箱体内加注润滑油，在箱盖顶部的适当位置设置一观察孔（见图10-2）。观察孔多为长方形，观察孔盖板平时用螺钉固定在箱盖上，盖板下垫有纸质密封垫片，以防漏油。

3）通气器。通气器用来沟通箱体内、外的气流，箱体内的气压不会因减速器运转时的油温升高而增大，从而提高了箱体分箱面、轴伸端缝隙处的密封性能。通气器多装在箱盖顶部或观察孔盖上，以便箱内的膨胀气体自由逸出，如图 10-2 所示。

4）油标。为了检查箱体内的油面高度，及时补充润滑油，应在油箱便于观察和油面稳定的部位，装设油标。油标形式有油标尺、管状油标、圆形油标等，常用的是带有螺纹的油标尺，如图 10-3 所示。油标尺的安装位置不能太低，以防油从该处溢出。油标座孔的倾斜位置要保证油标尺便于插入和取出。测油尺构造简单，通过测油尺上的两条刻线来检查油面的合适位置。如果尺上的油印高于上线，表明油面高于规定位置；若油印低于下线，表明油量太少，需要补充油。

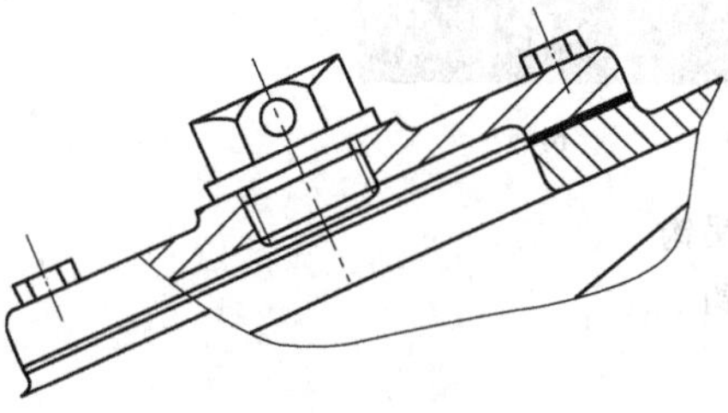

图 10-2　通气器及检查孔盖板

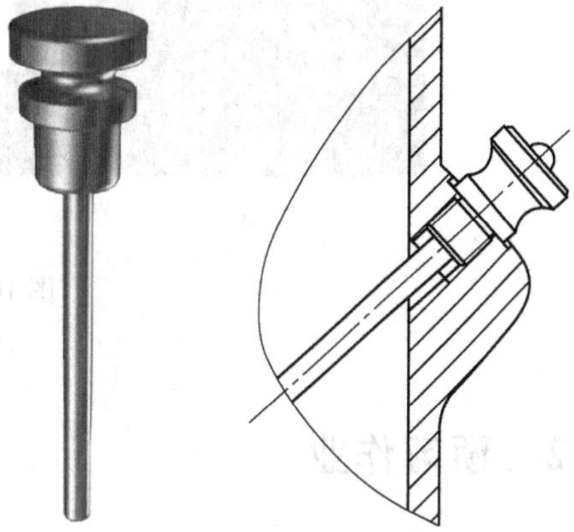

图 10-3　油标尺

5）放油螺塞（见图 10-4）。工作一段时间后，减速箱内的润滑油需要进行更换。为使减速箱中的污油和清洗剂能顺利排放，放油孔应开在油池的最低处。油池底面有一定斜度，放油孔座应设有凸台，放油螺塞和箱体结合面之间应加防漏垫圈。

6）起盖螺钉。装配减速器时，常常在箱盖和箱座的结合面处涂上水玻璃或密封胶，以增强密封效果，但却给开启箱盖带来困难。为此，在箱盖的连接凸缘上开设螺纹孔，并拧入起盖螺钉（见图 10-5），螺钉的螺纹段高出凸缘厚度。开启箱盖时，拧动起盖螺钉，迫使箱盖与箱座分离。

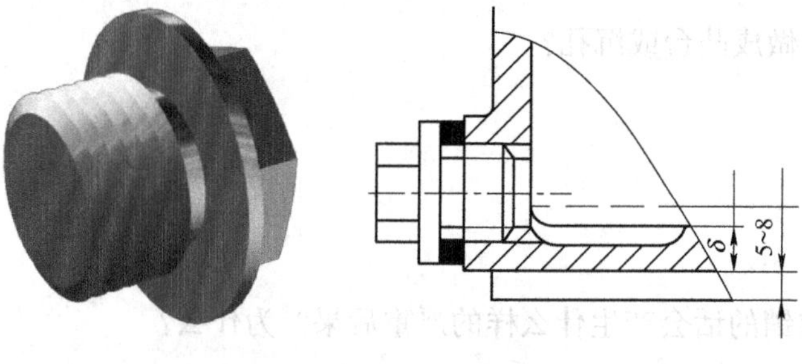

图 10-4　放油螺塞

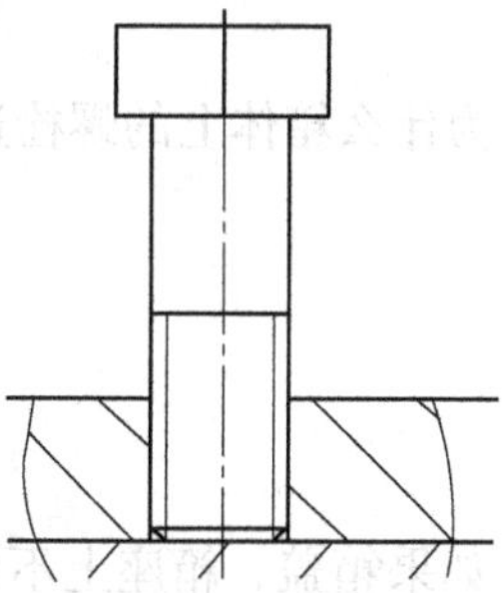

图 10-5　起盖螺钉

7）起吊装置（见图 10-6）。为了便于减速器的搬运，需在箱体上设置起吊装置。图 10-1 中箱盖上铸有两个吊耳，用于起吊箱盖，设在箱盖两侧的对称面上。箱座上铸有两个吊钩，用于吊运整台减速器，在箱座两端的凸缘下面铸出。但对于重量不大的中、小型减速器，也允许用箱盖上的吊耳、吊环等来起吊整台减速器。

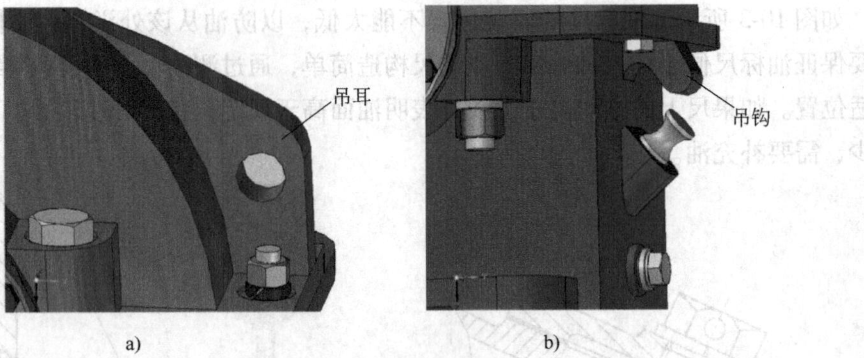

图 10-6　吊耳和吊钩

a）吊耳　b）吊钩

10.2　预习作业

1. 为什么将齿轮减速器的箱体沿轴线平面做成剖分式结构？

2. 启盖螺钉的作用是什么？与普通螺钉结构有什么不同？

3. 为什么箱体上的螺栓连接处均做成凸台或沉孔？

4. 如果箱盖、箱座上不设置定位销的话会产生什么样的严重后果？为什么？

5. 铸造成形的箱体最小壁厚是多少？如何减轻其重量及表面加工面积？

6. 减速器箱体上有哪些附件？安装位置有何要求？

10.3　实验目的

1）熟悉减速箱的基本结构，了解常用减速箱的用途及特点。
2）了解减速箱各组成零件的结构及功用，并分析其结构工艺性。
3）了解减速器中各零件的定位方式、装配顺序及拆卸的方法和步骤。
4）了解轴承及其间隙的调整方法、密封装置等。
5）学习减速箱的主要参数测定方法。
6）观察齿轮、轴承的润滑方式。
7）熟悉减速器附件及其结构、功能和安装位置。

10.4　实验设备及工具

1）单级圆柱齿轮减速器。
2）二级圆柱齿轮减速器。
3）二级圆柱、锥齿轮减速器。
4）单级蜗杆减速器。
5）拆装工具：活扳手、套筒扳手、锤子、螺钉旋具等。
6）测量工具：内、外卡钳，游标卡尺，钢直尺等。
7）学生自备铅笔、橡皮、三角板、草稿纸等。

10.5　实验内容

1）通过观察，了解箱体的结构特点、零件之间的连接方式等。
2）观察、了解减速器附件的用途、结构和安装位置。
3）确定拆卸的方法与步骤，将减速器中各零件进行拆卸。
4）观察齿轮的轴向固定方式及安装顺序。

5）测量减速器中齿轮的中心距，箱盖、箱座凸缘的厚度，肋板厚度，齿轮端面（蜗轮轮毂）与箱体内壁的距离，大齿轮顶圆（蜗轮外圆）与箱壁之间的距离，轴承内端面至内壁之间的距离等。

6）了解轴承的组合结构以及轴承的拆、装、固定和轴向游隙的调整；了解轴承的润滑方式和密封装置。

7）将减速器装配完整。

8）完成实验报告。

10.6 实验方法及步骤

1. 打开减速器前，观察减速器的外部结构

1）了解减速器的名称、类型、代号、使用场合、总减速比（注意铭牌内容）。

2）了解减速器的结构形式（单级、二级或三级；展开式、分流式或同轴式；卧式或立式；圆柱齿轮、锥齿轮或蜗杆减速器）。

3）了解箱体上附件的结构形式、布置及其功用，注意观察下列各附件：观察孔、观察孔盖板、通气器、吊耳、吊钩、油标尺、放油螺塞、定位销、启盖螺钉等。

4）观察螺栓凸台位置（并注意扳手空间是否合理）、轴承座加强肋的位置及结构、减速器箱体的铸造工艺特点以及加工方法等。

2. 打开观察孔盖，转动高速轴，观察齿轮的啮合情况

用手来回转动减速器的输入、输出轴，体会轴向蹿动，手感齿轮啮合的侧隙。

3. 按下列次序打开减速器，取下的零件按次序放好，便于装配、避免丢失

1）观察定位销所在的位置，取出定位销。

2）拧下轴承端盖螺钉，取下端盖及调整垫片。卸下箱盖与箱座连接螺栓。

3）用启盖螺钉将箱盖与箱体分离。利用起吊装置取下箱盖，并翻转180°在旁放置平稳，以免损坏结合面。

4. 观察箱体内轴及轴系零件的结构情况，画出传动示意图

1）所用轴承类型（记录轴承型号），轴和轴承的布置情况。

2）轴和轴承的轴向固定方式，轴向游隙的调整方法。

3）齿轮（或锥齿轮或蜗轮）和轴承的润滑方式，在箱体的剖分面上是否有输油沟或回油沟。

4）外伸部位的密封方式（外密封），轴承内端面处的密封方式（内密封）。

思考如下问题：

箱盖与箱座接触面上为什么没有密封垫片？它是如何解决密封的？若箱盖、箱座的分箱面上有输油沟，则箱盖应采取怎样的相应结构才能使飞溅到箱体内壁上的油流入箱座上的输油沟中？输油沟有几种加工方法？加工方法不同时，油沟的形状有何异同？为了使润滑油经输油沟后进入轴承，轴承盖的结构应如何设计？轴承在轴承座上的安放位置离箱体内壁有多大距离？当采用不同的润滑方式时距离应如何确定？在何种条件下滚动轴承的内侧要用挡油环或封油环？其作用原理、构造和安装位置如何？观察箱内零件间有无干涉现象，并观察结构中是如何防止和调整零件间相互干涉的。

5. 装拆轴上零件，并按取下零件的顺序依次放好

1）详细观察齿轮、轴承、挡油环等零件的结构，分析轴上零件的轴向、周向定位方法。

2）了解轴的结构，注意下列轴的各结构要素的形式及功用：轴头、轴颈、轴身、轴肩、轴肩圆角、轴环、倒角、键槽、螺纹、退刀槽、砂轮越程槽、配合面、非配合面等。

3）测量阶梯轴的各段直径和长度。

4）绘出一根轴及轴上零件的结构草图（要求：大致符合比例、包含尺寸）。

思考如下问题：

各级传动轴为什么要设计成阶梯轴而不设计成光轴？设计阶梯轴时应考虑什么问题？观察轴上大、小齿轮结构，了解在大齿轮上为什么要设计工艺孔？设计工艺孔的目的是什么？采用直齿圆柱齿轮或斜齿圆柱齿轮传动各有什么特点？其轴承在选择时应考虑什么问题？观察输入轴、输出轴的伸出端与端盖采用什么形式的密封结构？

6. 利用钢直尺、卡尺等简单工具，测量箱体及主要零部件的相关参数与尺寸

将下列测量结果记录在实验报告相应的表格中：

1）测出各齿轮的齿数，求出各级分传动比及总传动比。

2）测出中心距，并根据公式计算出齿轮的模数，斜齿轮螺旋角的大小。

3）测量各齿轮的齿宽，算出齿宽系数；观察并考虑大、小齿轮的齿宽是否应完全相等。

4）测出齿轮与箱壁间的距离。

5）测量各螺栓、螺钉直径，根据实验报告的要求测量其他相关尺寸，并记录在表 10-2 中。

7. 按先内后外的顺序将减速器装配好

1）将轴上零件依次装配好并放入箱座中。

2）装上轴承端盖并将其螺钉拧入箱座（注意不要拧紧）。

3）装好箱盖（先旋回启盖螺钉再合箱），打入定位销。

4）旋入箱盖上的轴承端盖螺钉（也不要拧紧）。

5）装入箱盖与箱座连接螺栓并拧紧，拧紧轴承端盖螺钉。

6）装好放油螺塞、观察孔盖等附件。

7）用手转动输入轴，检查减速器转动是否灵活，若有故障应给予排除。

8. 整理工具，经指导老师检查后，才能离开实验室

10.7 实验小结

1. 注意事项

1）切勿盲目拆装，拆卸前要仔细观察零部件的结构及位置，考虑好合理的拆装顺序，拆下的零部件要妥善放置，以免丢失。

2）拆装过程中要互相配合与关照，做到轻拿轻放零件，以防砸伤手脚。

3）注意保护拆开的箱盖、箱座的结合面，防止碰坏或擦伤。

4）可拆可不拆的零件尽量不拆卸。

2. 常见问题

1）在拆卸过程中，学生常用锤子或其他工具直接砸击难拆卸的零件，易造成零件变形、损坏，此时应小心仔细拆卸。

2）在减速器箱体尺寸测量过程中，因分辨不清箱体上某些部位的名称术语，导致测量结果错误。

10.8　工程实践

减速器是在原动机和工作机或执行机构之间起降低转速、传递动力、增大转矩的一种独立的传动装置，在现代机械中应用极为广泛。减速器按用途可分为通用减速器和专用减速器两大类。减速器主要由传动零件、轴、轴承、箱体、附件等组成。

选用减速器时应根据工作机的选用条件，技术参数，动力机的性能，经济性等因素，比较不同类型、品种减速器的外廓尺寸、传动效率、承载能力、质量、价格等，选择出最适合的减速器。

1. 直升机动力传动齿轮减速器

直升机（如图10-7所示）是一种以动力装置驱动的旋翼作为主要升力和推进力来源，能垂直起落及前后、左右飞行的旋翼航空器。直升机主要由机体和升力（含旋翼和尾桨）、动力、传动三大系统以及机载飞行设备等组成。旋翼一般由涡轮轴发动机或活塞式发动机通过由传动轴及减速器等组成的机械传动系统来驱动，也可由桨尖喷气产生的反作用力来驱动。当前实际应用的是机械驱动式的单旋翼直升机及双旋翼直升机。

图10-7　直升机

单旋翼直升机的主发动机同时也输出动力至尾部的小螺旋桨，机载陀螺仪能侦测直升机回转角度并反馈至尾桨，通过调整小螺旋桨的螺距可以抵消大螺旋桨产生的不同转速下的反作用力。双旋翼直升机通常采用旋翼相对反转的方式来抵消旋翼产生的不平衡升力。直升机的突出特点是可以做低空、低速和机头方向不变的机动飞行，特别是可在小面积场地垂直起降，这些特点使其在军用和民用方面具有广阔的应用及发展前景。

齿轮减速器仍然是直升机动力传动系统的重要组成部分，尤其是在旋翼传动系统中作用更为突出。无论是单旋翼还是双旋翼直升机，发动机输入方向与旋翼、尾桨的输出方向不同，另外由于航空发动机普遍具有大功率、高转速的特点，而旋翼转速只能限制在低转速，所以为了实现改变转矩方向并增扭减速以及达到高传动比、高效率的目的，动力传动系统普遍采用了螺旋锥齿轮、行星齿轮以及常用的直齿和斜齿轮。

直升机传动系统的作用是将发动机的功率和转速按需要分别传给主旋翼、尾桨和各个附件，是功率传递的主要途径。通常包括发动机减速器、主减速器、中间减速器、尾减速器、旋翼、附件和传动轴系组成，传动系统的性能和可靠性直接影响直升机的性能和可靠性能。

发动机减速器位于发动机头部，是传递发动机功率、增大扭矩的重要部件，一般由多级斜齿轮或斜齿轮与行星齿轮组成；主减速器是传动系统的核心，其作用是将一台或多台发动机功率合并在一起并按需要分别传给主旋翼、尾桨和各个附件，以保证直升机正常工作，特点是传递功率大、减速比大；中间减速器是直升机传动系统组成部分之一，它的主要作用是改变运动方向，同时也可以改变转速；尾减速器的作用是将来自于主减速器、中间减速器或发动机的功率按需要转速提供给尾桨，以平衡直升机主旋翼的反作用力矩，保证直升机各种飞行姿态。

（1）锥齿轮减速　在直升机上发动机一般按输出轴近似水平方向安装，而主旋翼轴都是垂直方向输出，所以主减速器必须将水平方向输入的运动改变成垂直方向的输出运动。尾输出传动及其他某些附件也需要改变其运动方向。因此这些减速器内必须有圆锥齿轮传动，常常是有几对圆锥齿轮传动。而且在并车机构中也经常采用圆锥齿轮传动。

正是由于螺旋锥齿轮具有重合度大、传动平稳、承载能力高、传动比大等这些优点，所以在涡轮轴发动机和直升机旋翼/尾桨减速装置中得到了广泛应用。

（2）行星齿轮减速　行星齿轮传动把定轴线传动改为动轴线传动，实现功率分流，用数个行星轮同时承受载荷，合理应用内啮合并采用合理的均载装置，使行星齿轮传动具有效率高、体积小、重量轻、结构紧凑、传递功率大、负载能力高、传动比范围大等特点，广泛应用于需要大减速比但空间较小的主减速装置中。一般用于传动链的最后级，输出为旋翼。

直升机主减速器多采用差动行星轮系传动，当传动比和功率相同时，结构紧凑、体积和重量都有大幅度地减小，多用于中、重型直升机。

随着国家高新技术及信息产业的发展，直升机减速及齿轮技术也将顺应趋势，向高承载力、高齿面硬度、高精度、高速度、高可靠性、高传动效率、低噪音、低成本、标准化、多样化等方面发展。

2. 混凝土抹光机少齿差减速器

混凝土抹光机又叫抹平机，如图 10-8 所示，是一种对混凝土表面进行粗、精抹光的机器。通过汽油机或者电动机驱动抹刀转子，在转子端部连接旋转底面上装有 2～4 片抹刀，通过抹刀片的转动对平面进行抹光，抹刀倾斜方向与转子旋转方向一致。抹光机分为电动抹光机和汽油抹光机两种，电动抹光机要用电机接 380V 的三相电源作为动力，汽油抹光机需要有发动机作为动力。

相对于人工施工而者，经过混凝土抹光机施工的表面更光滑、更平整，能极大提高混凝土表面的密实性及耐磨性，并且工作效率可提高 10 倍以上。混凝土抹光机可广泛用于高标准厂房、仓库、停车场、广场、机场以及框架式楼房表面的提浆、抹平、抹光，是混凝土施工中的首选工具。

混凝土抹光机驱动电动机的输出转速为 1400r/min，汽油发动机输出转速为 3000r/min，而工作旋转底面转速在 150r/min 以下。目前，主流减速装置采用蜗轮蜗杆传动或者摆线针

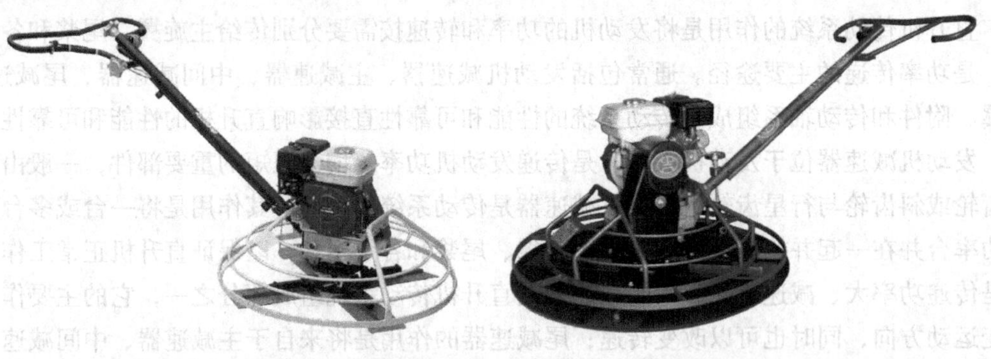

图 10-8　混凝土抹光机

轮传动。前者轮齿间是滑动摩擦，传动效率低，连续作业时散热条件差，寿命短；后者主要缺点是摆线轮产生径向分力较大，输入转速必须低于 1500r/min，无法适应汽油发动机的场合，同时后者制造成本也比较高。因此，根据混凝土抹光机对减速装置的要求，提出将少齿差减速器应用于抹光机中。下面分别对这三种方式进行比较。

（1）蜗轮蜗杆传动

蜗轮蜗杆传动是混凝土抹光机较常用的传动形式，蜗杆的传动比通常在 80 以内，而且与蜗杆头数和蜗轮齿数有关。蜗杆头数越多，传动比越小。为了提高传动比，蜗杆头数应尽量取小，但是蜗杆头数的减少将使导程角变小，当导程角小于当量摩擦角后，蜗杆机构将产生自锁，效率将很低。所以在实际应用中蜗杆头数与传动比都有一定的范围限制。在安装结构方面，蜗轮蜗杆要改变传动方向，输入输出轴一般都呈 90°交角，所以现有混凝土抹光机动力装置一般都是卧式结构。在润滑方面，蜗杆机构要求较高，如果润滑不良，传动效率将显著降低，箱体油温升高，润滑失效，轮齿磨损加剧，因此一般采用油池润滑，而且需要定期换油。

（2）摆线针轮传动

摆线针轮减速器的传动比较大，但这种减速器输入转速不能过高，无法适用输入转速为 3000r/min 的场合，汽油发动机做动力源时将无能为力。在安装结构方面，若用摆线针轮机构替代蜗轮蜗杆机构，则可采用立式电动机驱动，但摆线针轮机构加工制造工艺较复杂，导致整台机器制造成本增加，性价比大打折扣。在润滑方面，摆线针轮减速机采用油润滑，连续工作时，每半年更换一次。

（3）少齿差行星齿轮传动

少齿差行星齿轮传动是行星齿轮传动中的一种，由一个外齿轮与一个内齿轮组成一对内啮合齿轮副，内、外齿轮的齿数相差很小，故称为少齿差行星齿轮传动。此类传动结构紧凑、运转平稳、噪声小、传动比范围大、承载能力大、结构形式多、应用广泛。

少齿差行星齿轮传动多用于减速场合，该减速器传动比为 10 ~ 100，在允许效率较低的情况下，传动比可以达到几百甚至几千。抹光机的传动比要求为 10 ~ 40，完全在该行星减速器传动比范围内。从生产成本方面考虑，少齿差行星减速器加工方法简单，可在一般齿轮机床上完成主要零件加工，成本不高。在润滑方面，行星轮机构可以采用脂润滑，一般无需更换润滑脂。

通过对少齿差行星齿轮机构、蜗杆机构以及摆线针轮减速器在传动系统运动、安装结构、润滑方式等方面进行对比分析，结果表明少齿差行星齿轮减速器适合现有混凝土抹光机对减速器的要求，其综合性能优于现有的减速器设备，值得进一步推广应用。

附：各类减速器外形图（见图 10-9 ~ 图 10-14）。

图 10-9　单级圆柱齿轮减速器

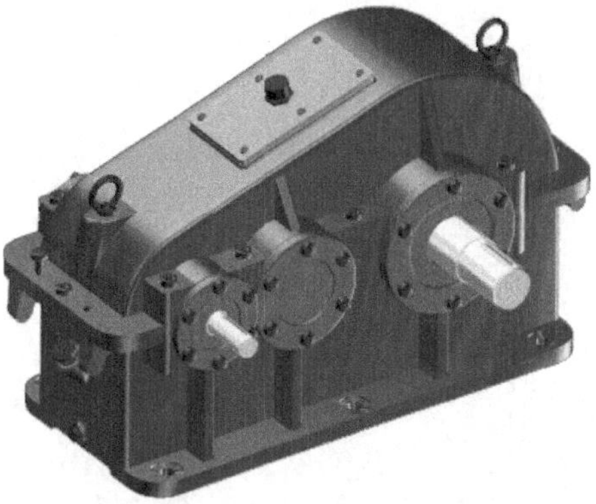

图 10-10　二级展开式圆柱齿轮减速器

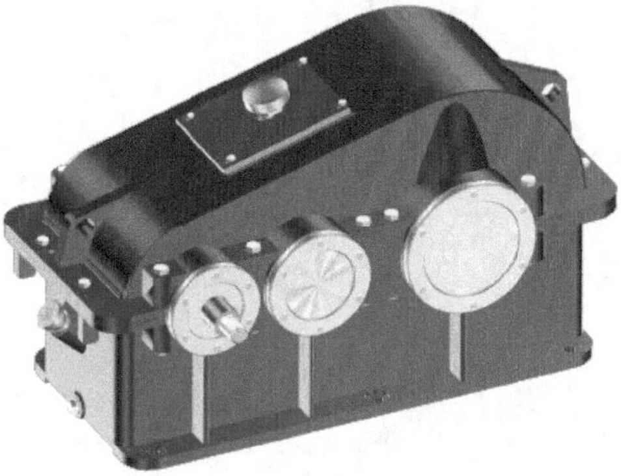

图 10-11　二级分流式圆柱齿轮减速器

图 10-12　二级同轴式圆柱齿轮减速器

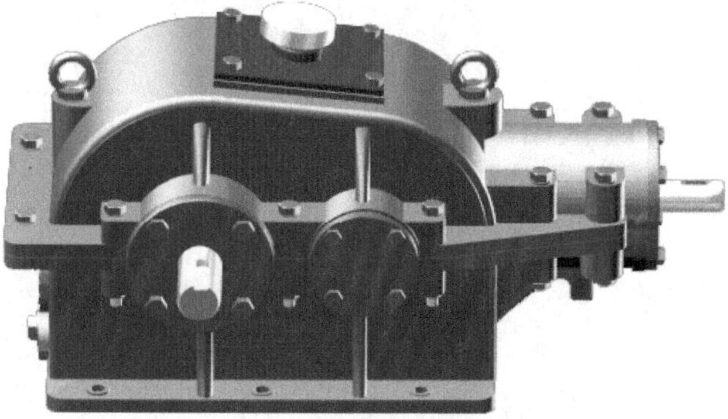

图 10-13　二级圆锥圆柱齿轮减速器

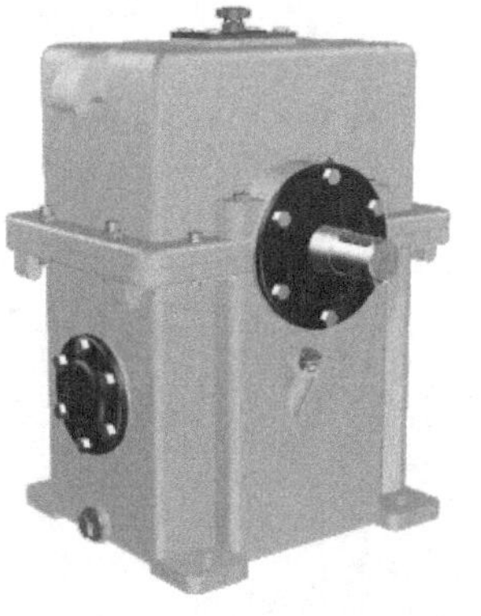

图 10-14　单级蜗杆减速器

实验报告

实验名称：________________　实验日期：________________

班级：________________　姓名：________________

学号：________________　同组实验者：________________

实验成绩：________________　指导教师：________________

(一) 实验目的

(二) 实验设备

(三) 实验结果（填入表 10-2 ~ 10-4）

表 10-2　减速器箱体尺寸测量结果

序号	名称	符号	尺寸/mm	
			齿轮减速器	蜗杆减速器
1	地脚螺栓孔直径	d_f		
2	轴承旁连接螺栓直径	d_1		
3	凸缘连接螺栓直径	d_2		
4	轴承端盖螺钉直径	d_3		
5	观察孔盖板螺钉直径	d_4		
6	箱座壁厚	δ		
7	箱盖壁厚	δ_1		
8	箱座凸缘厚度	b		
9	箱盖凸缘厚度	b_1		
10	箱座底部凸缘厚度	b_2		
11	轴承旁凸台高度	h		
12	箱体外壁至轴承座端面距离	l_1		
13	大齿轮顶圆到箱体内壁距离	Δ_1		
14	轴承端面到箱体内壁距离	l_2		
15	箱盖肋板厚度	m_1		
16	箱座肋板厚度	m		
17	箱体外旋转零件至轴承盖外端面（或螺钉头顶面）的距离	l_4		

表 10-3 减速器的主要参数

<table>
<tr><td colspan="2">齿轮</td><td colspan="4">小齿轮</td><td colspan="3">大齿轮</td></tr>
<tr><td rowspan="2">齿 数</td><td>高速级</td><td colspan="4">z_1 =</td><td colspan="3">z_2 =</td></tr>
<tr><td>低速级</td><td colspan="4">z_3 =</td><td colspan="3">z_4 =</td></tr>
<tr><td colspan="2" rowspan="2">传动比
$i = i_1 i_2$</td><td colspan="2">高速级 i_1</td><td colspan="3">低速级 i_2</td><td colspan="2">总传动比 i</td></tr>
<tr><td colspan="2"></td><td colspan="3"></td><td colspan="2"></td></tr>
<tr><td colspan="2" rowspan="2">模数 m（m_n）/mm</td><td colspan="4">高速级</td><td colspan="3">低速级</td></tr>
<tr><td colspan="4"></td><td colspan="3"></td></tr>
<tr><td colspan="2" rowspan="2">齿宽 b/mm
及齿宽系数 ψ_d</td><td colspan="4">高速级</td><td colspan="3">低速级</td></tr>
<tr><td>小齿轮 b =</td><td colspan="2">大齿轮 b =</td><td>ψ_d =</td><td>小齿轮 b =</td><td>大齿轮 b =</td><td>ψ_d =</td></tr>
<tr><td colspan="2">轴</td><td colspan="2">第一根轴</td><td colspan="3">第二根轴</td><td colspan="2">第三根轴</td></tr>
<tr><td rowspan="2">轴承</td><td>型 号</td><td colspan="2"></td><td colspan="3"></td><td colspan="2"></td></tr>
<tr><td>安装方式</td><td colspan="2"></td><td colspan="3"></td><td colspan="2"></td></tr>
</table>

表 10-4 主要零部件功能

名 称	功能
通气器	
起盖螺钉	
油标尺	
放油螺塞	
定位销	
起吊装置	

（四）画出你所拆装的减速器传动示意图

（五）画出轴系部件的结构草图（任意一根轴）

（六）思考问答题

1. 轴承座孔两侧的凸台为什么比箱盖与箱座的连接凸缘高？凸台高度如何确定？

2. 你所拆卸的减速器中，箱体的剖分面上有无油沟？轴承用何种方式润滑？如何防止箱体的润滑油混入轴承中？

3. 扳手空间如何考虑？箱盖与箱座的连接螺栓处及地脚螺栓处的凸缘宽度主要是由什么因素决定的？

4. 箱盖上设有吊耳，为什么箱座上还有吊钩？箱盖上的吊耳与箱座上的吊钩有何不同？

5. 拆卸的减速器中，轴各处的轴肩高度是否相同？为什么？

6. 箱体、箱盖上为什么要设计加强肋？加强肋有什么作用？如何布置？

7. 有的轴承内侧装有挡油环，有的没有，为什么？

8. 你所拆卸的减速器中，中间轴上两斜齿轮的倾斜方向是否相同？为什么？齿轮是采用浸油润滑还是喷油润滑？各有什么优、缺点？齿顶圆到油池底的距离为何不应小于30mm？

（五）实验心得、建议和探索

第三篇　创新实验

第 11 章　机构运动创新设计实验

11.1　概述

机构运动方案创新设计是一个具有创新性的活动过程，旨在帮助学生树立工程设计观念，激发其创新精神，培养学生的主动学习能力、独立工作能力、动手能力和创造能力。该实验是基于杆组的叠加原理而设计的，所用的机构运动方案拼接实验台可将设计者构思创意的机构运动方案在实验台上组成实物模型，能够使设计者直观地观察其运动是否符合设计要求，并在此基础上调整改进，最终确定设计方案。主要应用于机构组成原理的拼接设计实验、课程设计和毕业设计中机构运动方案的设计实验、课外科技活动（如大学生机电产品创新设计竞赛、大学生机器人大赛）中的机构运动方案创新设计。

一个好的机构运动方案能否实现，机械设计是关键。机构设计中最富有创造性、最关键的环节，是机构形式的设计。常用机构形式的设计方法有两大类，即机构的选型和机构的构型。

1. 机构形式设计的原则

(1) 机构形式应尽可能简单　可从以下四个方面加以考虑：

1) 机构运动链尽量简短。完成同样的运动，应优先选用构件数和运动副数最少的机构，这样可以简化机器的构造，从而减轻重量、降低成本。

2) 适当选择运动副。一般情况下，应先考虑低副机构，而且尽量少采用移动副，因为移动副在制造中不易保证高精度，在运动中易出现自锁。在执行机构的运动规律要求复杂、采用连杆机构很难完成精确设计时，应考虑采用高副机构，如凸轮机构或连杆—凸轮机构。

3) 适当选择原动机。执行机构的形式与原动机的形式密切相关，如在只要求执行构件实现简单的工作位置变换的机构中，采用气压或液压缸作为原动机比较方便，它同采用电动机驱动相比，可省去一些减速传动机构和运动变换机构，从而可缩短运动链。此外，改变原动机的传输方式，也可能使结构简化。

4) 选用广义机构。不要仅局限于刚性机构，还可选用柔性机构，甚至利用光、电、磁、摩擦、重力、惯性等原理工作的广义机构。选用广义机构在许多场合可使机构更加简单、实用。

(2) 尽量缩小机构尺寸　如周转轮系减速器的尺寸和重量比普通定轴轮系减速器要小得多。在连杆机构和齿轮机构中，也可利用齿轮传动时节圆作纯滚动的原理或利用杠杆放大或缩小的原理等来缩小机构尺寸。圆柱凸轮机构尺寸比较紧凑，尤其是在从动件行程较大的情况下。盘状凸轮机构的尺寸也可借助杠杆原理相应缩小。

(3) 应使机构具有较好的动力学特性

1) 采用传动角较大的机构，以提高机器的传力效率，减少功耗。尤其对于传力大的机构，这一点更为重要。如在可获得执行构件为往复摆动的连杆机构中，摆动导杆机构最为理想，其压力角始终为零。为减小运动副摩擦，防止机构出现自锁现象，则应尽可能采用全由转动副组成的连杆机构。

2) 采用增力机构。对于执行机构行程不大，而短时克服工作阻力很大的机构（如冲压机械中的主机构），应采用“增力”的方法，即采用瞬时有较大机械增益的机构。

3) 采用对称布置的机构。对于高速运转的机构，其作往复运动和平面一般运动的构件，以及惯性力和惯性力矩较大的偏心回转构件，在选择机构时，应尽可能考虑机构的对称性，以减小运转过程中的动载荷和振动。

2. 机构的选型

利用发散思维的方法，将前人创造发明出的各种机构按照运动特性或实现的功能进行分类，然后根据原理方案确定的执行机构所需要的运动特性或实现的功能进行搜索、选择、比较和评价，选出合适的机构形式。表 11-1 给出了当机构的原动件为转动时，各种执行构件运动形式、机构类型及应用举例，表 11-2 给出了机构方案评价指标供机构选型时参考。

表 11-1　执行构件的运动形式、机构类型及应用举例

执行构件运动形式	机构类型	应用举例
匀速转动	平行四边形机构	机动车轮联动机构、联轴器
	双转块机构	联轴器
	齿轮机构	减速、增速、变速装置
	摆线针轮机构	减速、增速、变速装置
	谐波传动机构	减速装置
	周转轮系	减速、增速、运动合成和分解装置
	挠性件传动机构	远距离传动、无级变速装置
	摩擦轮机构	无级变速装置
非匀速转动	双曲柄机构	惯性振动器
	转动导杆机构	刨床
	曲柄滑块机构	发动机
	非圆齿轮机构	—
	挠性件传动机构	—
往复移动	曲柄摇杆机构	锻压机
	移动导杆机构	缝纫机挑针机构
	齿轮齿条机构	—
	移动凸轮机构	配气机构
	楔块机构	压力机、夹紧装置

（续）

执行构件运动形式	机构类型	应用举例
往复移动	螺旋机构	千斤顶、车床传动机构
	挠性件传动机构	远距离传动装置
	气/液动机构	升降机
往复摆动	曲柄摇杆机构	破碎机
	滑块摇杆机构	车门启闭机构
	摆动导杆架构	刨床
	曲柄摇块机构	装卸机构
	摆动凸轮机构	—
	齿条齿轮机构	—
	挠性件传动机构	—
	气/液动机构	—
间歇运动	棘轮机构	机床进给、转位、分度等机构
	槽轮机构	转位装置、电影放映机
	凸轮机构	分度装置、移动工作台
	不完全齿轮机构	间歇回转、移动工作台
特定运动轨迹	铰链四杆机构	鹤式起重机、搅拌机构
	行星轮系	研磨机构、搅拌机构

表 11-2　构件方案评价指标

评价指标	运动性能 A	工作性能 B	动力性能 C	经济性 D	结构紧凑 E
具体项目	1）运动规律、运动轨迹 2）运动速度、运动精度	1）效率高低 2）使用范围	1）承载能力 2）传力特性 3）振动、噪声	1）加工难易度 2）维护方便性 3）能耗大小	1）尺寸 2）重量 3）结构复杂性

3. 机构的构型

当应用选型的方法初选出的机构形式不能完全实现预期的要求，或虽能实现功能要求但存在着机构复杂、运动精度不够或动力性能欠佳等缺点时，可采用创新构型的方法，重新构建机构的形式。机构创新构型的基本思路是：以通过选型初步确定的机构方案为雏形，通过组合、变异、再生等方法进行突破，获得新的机构。

（1）利用组合原理构型　将两种以上的基本机构进行组合，充分利用各自的良好性能，改善其不良特性，创造出能够满足原理方案要求的、具有良好运动和动力特性的新型机构。如：齿轮—连杆机构能实现间歇传送运动和大摆角、大行程的往复运动，同时能较精确地实现给定的运动轨迹。凸轮—连杆机构更能精确地实现给定的复杂轨迹。凸轮机构虽也可实现任意的给定运动规律的往复运动，但在从动件作往复摆动时，受压力角的限制，其摆角不能太大，将简单的连杆机构与凸轮机构组合起来，可以克服上述缺点，达到很好的效果。齿轮—凸轮机构常以自由度为 2 的差动轮系为基础机构，并用凸轮机构为附加机构，主要用于实现给定运动规律的变速回转运动、实现给定运动轨迹等。

（2）利用机构变异构型

1）机构倒置。将机构的运动构件与机架转换。

2）机构的扩展。以原有机构作为基础，增加新的构件，构成新的机构。机构扩展后，原有各构件间的相对运动关系不变，但所构成的新机构的某些性能与原机构有很大差别。

3）机构局部结构改变。如将导杆机构的导杆槽中心线由直线变为曲线，或机构的原动件被另一自由度为1的机构或构件组合所置换，即可得到运动停歇的特性。

4）运动副的变异。采用高副低代法。

11.2 预习作业

1. 何谓杆组？何谓Ⅱ级杆组？画图表示Ⅱ级杆组所有的类型。

2. 何谓Ⅲ级杆组？画图表示Ⅲ级杆组的1~2种形式。

3. 连杆机构的特点是什么？凸轮机构的特点是什么？

4. 进行机构结构分析时，按什么步骤和原则来拆分杆组？

5. 在实际设计中公差配合的意义是什么？

6. 机构原理功能是通过什么实现的？机构简图与实际机构的区别是什么？

11.3　实验目的

1）加强学生对机构组成原理的认识，进一步了解机构组成及其运动特性，为机构创新设计奠定良好的基础。

2）利用若干不同的杆组，拼接各种不同的平面机构，以培养机构创新设计能力及综合设计能力。

3）通过对实际机械结构的拼接，增强学生对机构的感性认识，培养学生的工程实践及动手能力，体会设计实际机构时应注意的事项，完成从运动简图设计到实际结构设计的过渡。

11.4　实验要求

1）认真预习《CQJP-D 型机构运动创新设计方案实验台使用说明书》，掌握实验原理，了解机构创新模型和各构件的搭接方法。

2）熟悉给定的设计题目及机构系统运动方案，或者设计其他方案（亦可自己选择设计题目，初步拟定机构系统运动方案）。

3）实验中注意各个组员之间的分工合作，不可完全由一人完成，每一个组员都要积极投入到讨论和实验当中来，这样才能真正得到提高。

4）不再使用的工具和零件要及时放回原处，不可随意堆放，以免造成分拣困难甚至丢失。

5）实验完毕，经过指导教师检查并拍照后，自行拆除搭接机构，同时将所有零件物归原处。

11.5　实验设备及工具

1）创新组合模型一套，包括组成机构的各种运动副、构件、动力源、实验工具等。实验设备为 CQJP-D 型机构运动创新设计方案实验台（图 11-1）及其零件存放柜（见图 11-2），组成实验台的主要零部件以及详细规格如表 11-3 所示。

图 11-1　CQJP-D 型机构运动创新设计方案实验台

2）组装、拆卸工具：一字螺钉旋具、十字螺钉旋具、固定扳手、内六角扳手、钢直尺、卷尺。

3）交流调速电动机、直流电动机等动力控制元件。

4）自备三角板、铅笔、量角器、游标卡尺、草稿纸等。

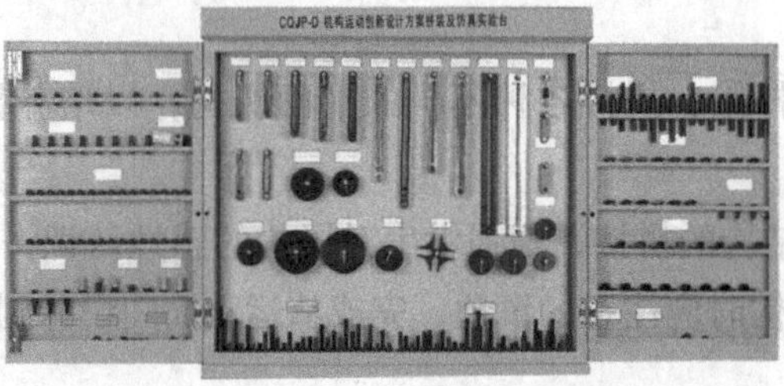

图 11-2　CQJP-D 型机构运动创新设计方案实验台零件存放柜

表 11-3　CQJP-D 型机构运动创新设计方案实验台组件清单

序号	名称	示意图	规格	数量	使用说明钢印号钢号尾数对应于使用层面数
1	凸轮高副 锁紧弹簧	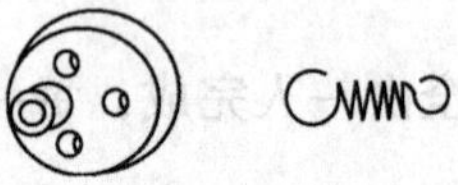	基圆半径 18mm 行程 30mm	各 4	凸轮推/回程均为正弦加速度运动规律
2	齿轮		$m=2$mm，$\alpha=20°$的标准直齿轮 $z=34$ $z=42$	4 4	2-1 2-2
3	齿条		$m=2$mm，$\alpha=20°$的标准直齿条	4	3
4	槽轮拨盘	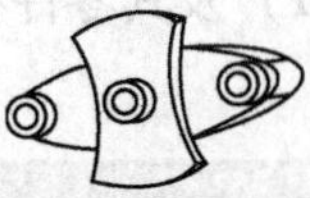		1	4
5	槽轮		四槽	1	4
6	主动轴	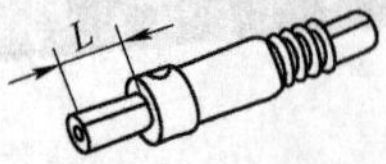	$L=5$mm $L=20$mm $L=35$mm $L=50$mm $L=65$mm	4 4 4 4 2	6-1 6-2 6-3 6-4 6-5 动力输入轴，轴上有平键槽

（续）

序号	名称	示意图	规格	数量	使用说明钢印号钢号尾数对应于使用层面数	
7	转动副轴（或滑块）	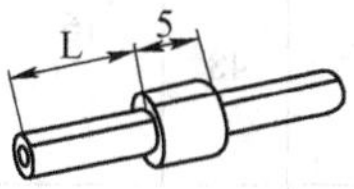	$L=5$mm $L=15$mm $L=30$mm	6 4 3	7-1 7-2 7-3	用于跨层面的运动副形成
8	扁头轴	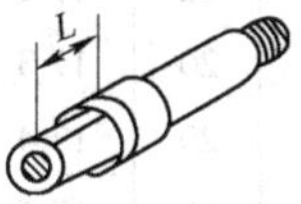	$L=5$mm $L=20$mm $L=35$mm $L=50$mm $L=65$mm	16 12 12 10 8	6-1 6-2 6-3 6-4 6-5	起支承及传递运动作用，轴上无键槽
9	主动滑块插件	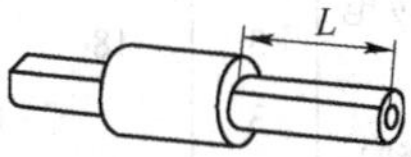	$L=40$mm $L=50$mm	1 1	9-1 9-2	与主动滑块座固连，可组成作直线运动的主动滑块
10	主动滑块座光槽片	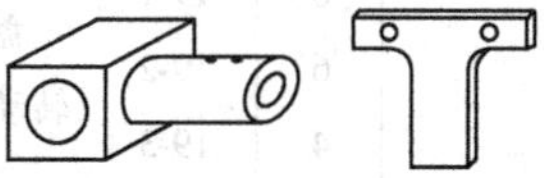		各 1	10	光槽片用 M3 的螺钉与主动滑块座固连；主动滑块座与直线电动机齿条固连
11	连杆（或滑块导向杆）	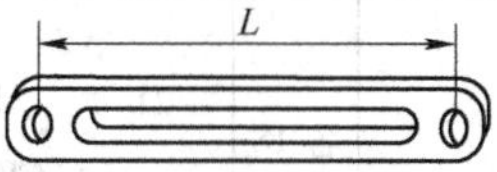	$L=50$mm $L=100$mm $L=150$mm $L=200$mm $L=250$mm $L=300$mm $L=350$mm	8 8 8 8 8 8 8	11-1 11-2 11-3 11-4 11-5 11-6 11-7	
12	压紧连杆用特制垫片	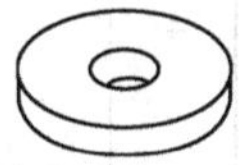	$\phi6.5$	16	12	将连杆固定在主动轴或固定轴上时使用
13	转动副轴（或滑块）	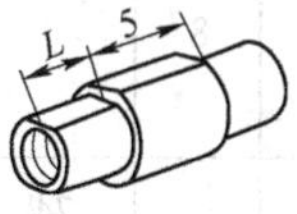	$L=5$mm $L=20$mm	各 8	13-1 13-2	与 20 号件配用，可与连杆在固定位置形成转动副
14	转动副轴（或滑块）	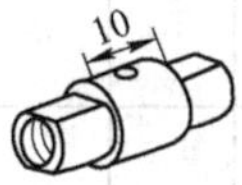		16	14	两构件形成转动副时用作滑块时用
15	带垫片螺钉		M6	48	15	转动副轴与连杆间构成转动副或移动副用

（续）

序号	名称	示意图	规格	数量	使用说明钢印号钢号尾数对应于使用层面数
16	压紧螺钉		M6	48	16　转动副轴与连杆形成同一构件时用
17	运动构件层面限位套	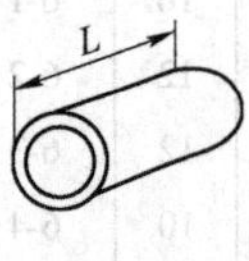	$L=5\text{mm}$ $L=15\text{mm}$ $L=30\text{mm}$ $L=45\text{mm}$ $L=60\text{mm}$	35 40 20 20 10	17-1 17-2 17-3 17-4 17-5 用于不同运动平面间的距离限定
18	电动机带轮 主动轴带轮		大孔轴（用于旋转电动机） 小孔轴（用于主动轴）	3 3	18　大带轮已安装在旋转电动机轴上
19	盘杆转动轴		$L=20\text{mm}$ $L=35\text{mm}$ $L=45\text{mm}$	6 6 4	19-1 19-2 19-3 盘类零件与连杆形成转动副时用
20	固定转轴块			8	20　用螺栓将其锁紧在连杆长槽上，可与此同13号件配合
21	连杆加长或固定凸轮弹簧用螺栓、螺母	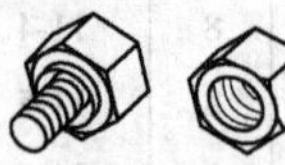	M10	各18	21　用于两连杆加长时的锁定和固定弹簧
22	曲柄 双连杆部件	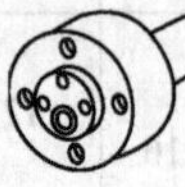	组合件	4	22　偏心轮与活动圆环形成转动副，且已制成一组合件
23	齿条导向板	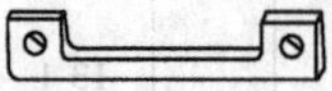		8	23　将齿条夹紧在两块齿条导向板之间，保证与齿轮的正常啮合
24	转滑副轴	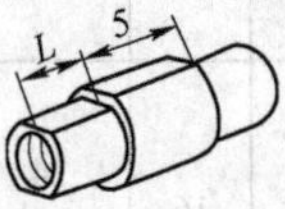		16	24　扁头轴与一构件形成转动副，圆头轴与另一构件形成滑动副
25	安装电动机座行程开关座用内六角圆柱头螺钉/平垫	标准件	M8 ×25 $\phi 8$	各20	

（续）

序号	名称	示意图	规格	数量	使用说明钢印号钢号尾数对应于使用层面数
26	内六角圆柱头螺钉	标准件	M6×15	4	用于主动滑块座固定在直线电动机齿条上
27	内六角圆柱头紧定螺钉		M6×6	18	
28	滑块	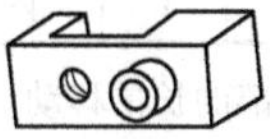		64	已与机架相连
29	实验台机架	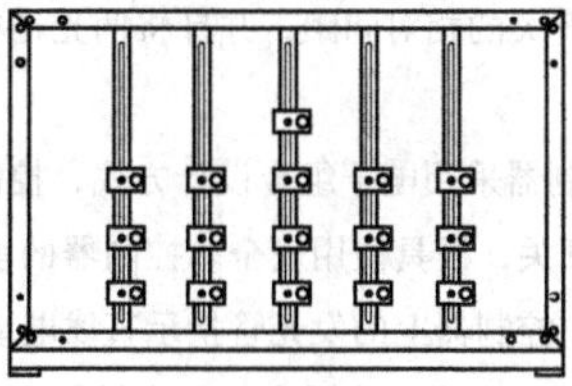		4	机架内可移动立柱 5 根
30	立柱垫圈	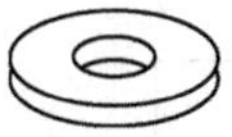	$\phi 9$	40	已与机架相连
31	锁紧滑块方螺母	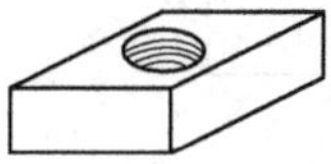	M6	64	已与滑块相连
32	T 形螺母	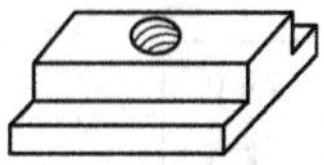		20	卡在机架的长槽内，可轻松用螺栓固定电动机座
33	光槽行程开关	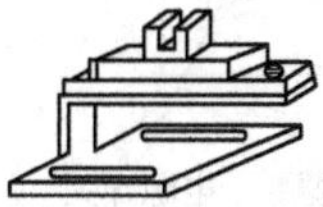		2	两光槽开关的安装间距即为直线电动机齿条在单方向的位移量
34	平垫片 防脱螺母		$\phi 17$ M12	20 76	使轴相对于机架不转动时用，防止轴从机架上脱出
35	转速电动机座	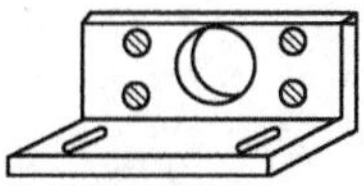		3	已与电动机相连
36	直线电动机座	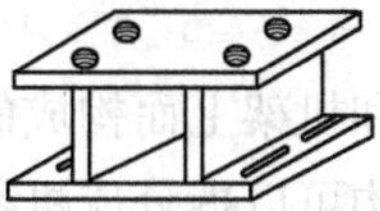		1	已与电动机相连
37	平键		3×15	20	主动轴与带轮的连接

（续）

序号	名称	示意图	规格	数量	使用说明钢印号钢号尾数对应于使用层面数
38	直线电动机控制器			1	与行程开关配用可控制直线电动机的往复运动行程
39	传动带	标准件	O 型	3	
40	直线电动机 旋转电动机		10mm/s 10r/min	1 3	配电动机行程开关一对
41	使用明书			1	内附装箱零部件清单

注：1. 直线电动机：直线电动机安装在实验台机架底部，并可沿机架底部的长槽移动。直线电动机的长齿条即为机构输入直线运动的主动件。在实验中，允许齿条单方向的最大直线位移为290mm，实验者可根据主动滑块的位移量（即直线电动机的齿条位移量）确定两光槽行程开关的相对间距，并且将两光槽行程开关的最大安装间距限制在290mm 范围内。

2. 直线电动机控制器：参见控制器面板图 11-3 所示。本控制器采用电子组合设计方式，控制电路采用低压电子集成电路和微型密封功率继电器，并采用光槽作为行程开关，极具使用安全。控制器的前面板为 LED 显示方式，当控制器的前面板与操作者是面对面的位置关系时，控制器上的发光管指示直线电动机齿条的位移方向。控制器的后面板上置有电源引出线及开关、与直线电动机相连的 4 芯插座、与光槽行程开关相连的 5 芯插座和 1A 保险管。

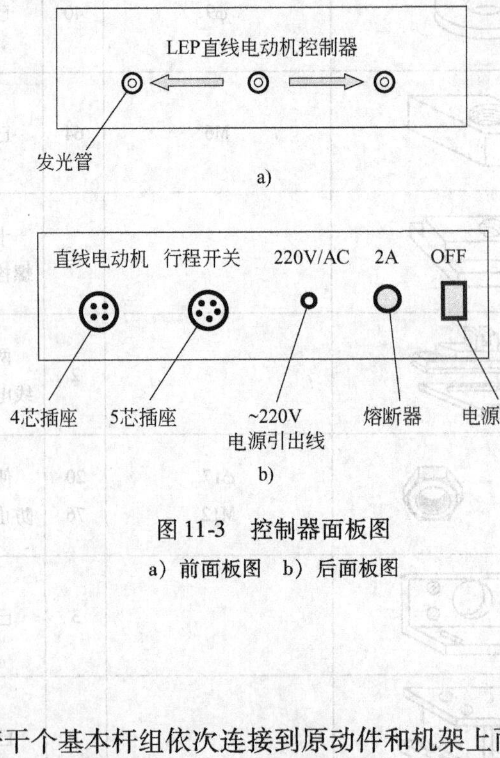

图 11-3　控制器面板图

a）前面板图　b）后面板图

11.6　实验原理

任何机构都是由若干个基本杆组依次连接到原动件和机架上而构成的。机构具有确定运动的条件是其原动件数等于机构的自由度数。因此，机构可以拆分成机架、原动件和自由度为零的构件组。而自由度为零的构件组还可以拆分成更简单的自由度为零的构件组，将最后不能再拆的最简单的自由度为零的构件组称为组成机构的基本杆组，简称杆组。

由杆组定义知，组成平面机构的基本杆组应满足的条件为

$$F = 3n - 2P_L - P_H = 0$$

式中　n——杆组中的构件数；

P_L——杆组中低副数；

P_H——杆组中高副数。

由于构件数和运动副数均应为整数，故当 n、P_L、P_H 取不同值时，可得各类基本杆组。

1. 高副杆组

若 $n = P_L = P_H = 1$，即可获得单构件高副杆组，常见形式如图 11-4 所示。

2. 低副杆组

若 $P_H = 0$，杆组中运动副均为低副，称为低副杆组。即

$$F = 3n - 2P_L = 0$$

满足上式的构件数和运动副数的组合为：$n = 2, 4, 6 \cdots$，$P_L = 3, 6, 9 \cdots$。

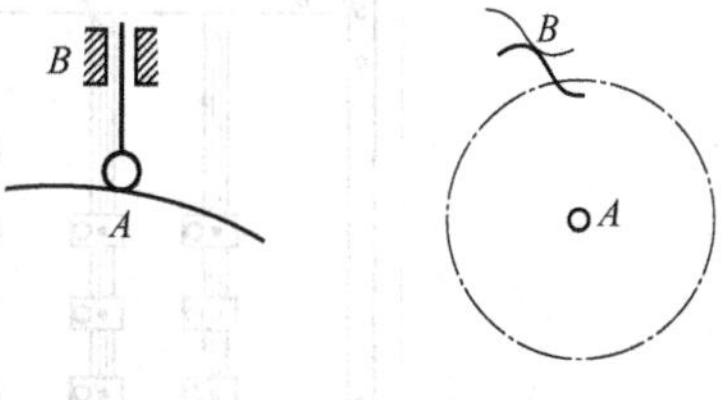

图 11-4　单构件高副杆组

其中最简单的组合为 $n = 2$，$P_L = 3$，称为Ⅱ级组。Ⅱ级组是应用最多的基本杆组，由于杆组中转动副和移动副的配置不同，Ⅱ级杆组共有如图 11-5 所示五种形式。

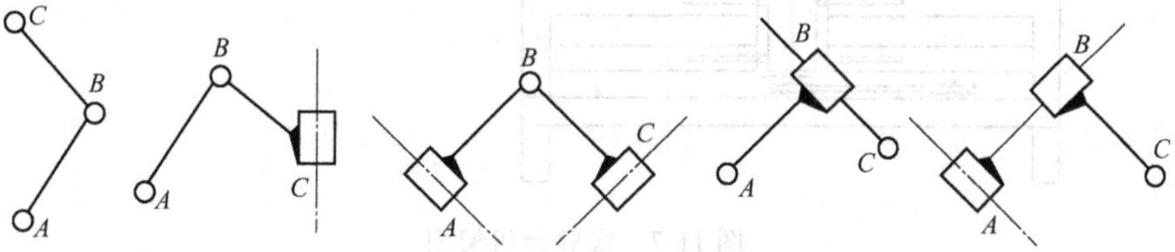

图 11-5　平面低副Ⅱ级组

$n = 4$，$P_L = 6$ 的杆组称为Ⅲ级杆组，其形式较多，图 11-6 所示的是几种常见的Ⅲ级杆组。

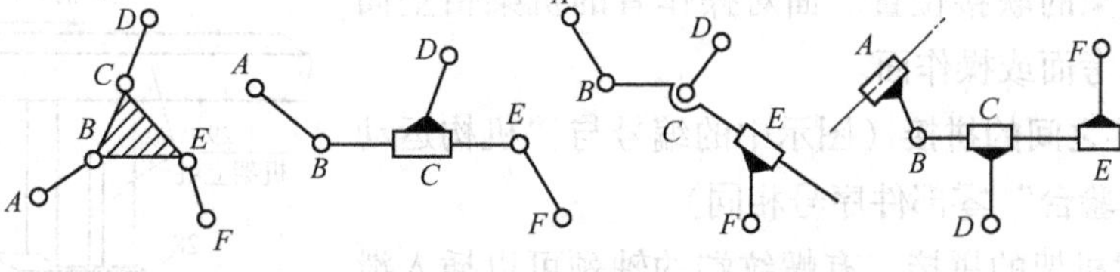

图 11-6　平面低副Ⅲ级组

根据上述分析可知：任何平面机构均可以用零自由度的杆组依次连接到原动件和机架上去的方法来组成。因此，机构拼接创新设计实验正是基于上述平面机构的组成原理而设计的。

11.7　构件和运动副的拼接

根据事先拟定的机构运动简图，利用机械运动创新方案拼接实验台提供的零件，按机构

运动的传递顺序进行拼接。拼接时，首先要分清机构中各构件所占据的运动平面，并且使各构件的运动在相互平行的平面内进行，其目的是避免各运动构件发生干涉。然后，以机架铅垂面为参考面，所拼接的构件以原动构件开始，按运动传递顺序将各杆组由里向外进行拼接。机械运动创新方案拼接实验台提供的运动副的拼接过程请参见以下图示方法。

1. 实验台机架

图 11-7 所示实验台机架中有 5 根铅垂立柱，它们可沿 x 方向移动。移动时请用双手扶稳立柱、并尽可能使立柱在移动过程中保持铅垂状态，这样便可以轻松推动立柱。立柱移动

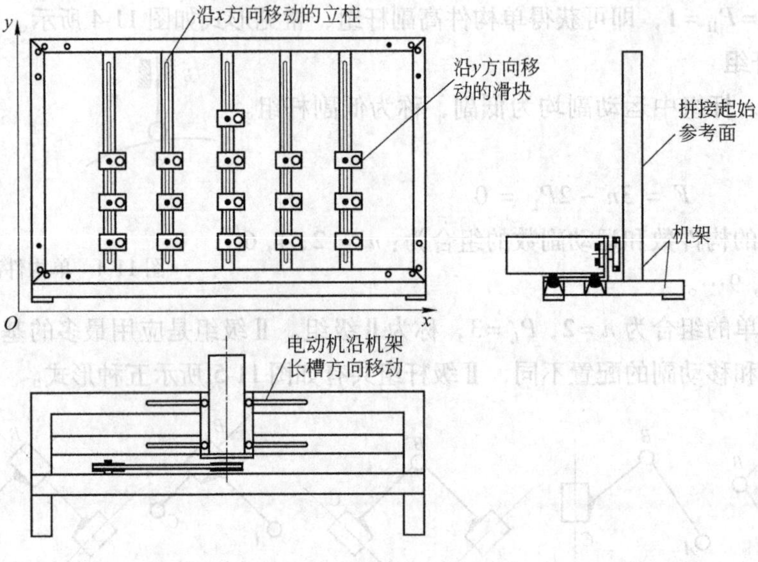

图 11-7　实验台机架图

到预定的位置后，将立柱上、下两端的螺钉锁紧（安全注意事项：不允许将立柱上、下两端的螺钉卸下，在移动立柱前只需将螺钉拧松即可）。立柱上的滑块可沿 y 方向移动。将滑块移动到预定的位置后，用螺钉将滑块紧定在立柱上。按上述方法即可在 x、y 平面内确定活动构件相对机架的联接位置。面对操作者的机架铅垂面称为拼接起始参考面或操作面。

2. 各零部件之间的拼接（图示中的编号与“机构运动方案创新设计实验台”零部件序号相同）

（1）轴相对机架的拼接　有螺纹端的轴颈可以插入滑块 28 上的铜套孔内，通过平垫片、防脱螺母 34 的连接与机架形成转动副或与机架固定。若按图 11-8 拼接后，6 或 8 轴相对机架固定；若不使用平垫片 34，则 6 或 8 轴相对机架作旋转运动。拼接者可根据需要确定是否使用平垫片 34。

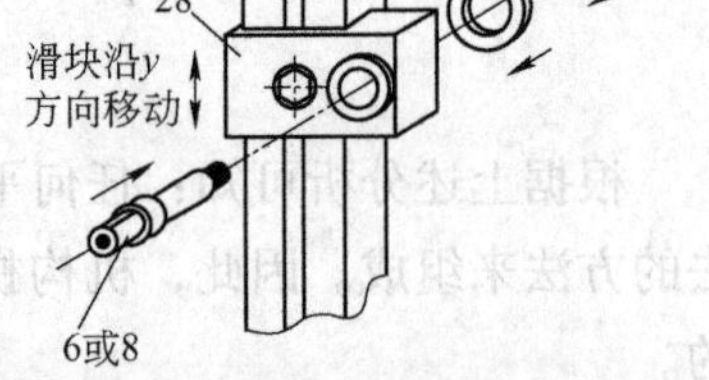

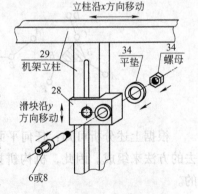

图 11-8　轴相对机架的拼接图

扁头轴 6 为主动轴、8 为从动轴。该轴主要用于与其他构件形成移动副或转动副，也可将连杆或盘类零件等固定在扁头轴颈上，使之成为一个构件。

（2）转动副的拼接　若两连杆间形成转动副，可按图 11-9 所示的方式拼接。其中，转

动副轴 14 的扁平轴颈可分别插入两连杆 11 的圆孔内，再用压紧螺栓 16 和带垫片螺栓 15 分别与转动副轴 14 两端面上的螺纹孔连接。这样，有一根连杆被压紧螺钉 16 固定在 14 件的轴颈处，而与带垫片螺钉 15 相连接的 14 件相对另一连杆转动。

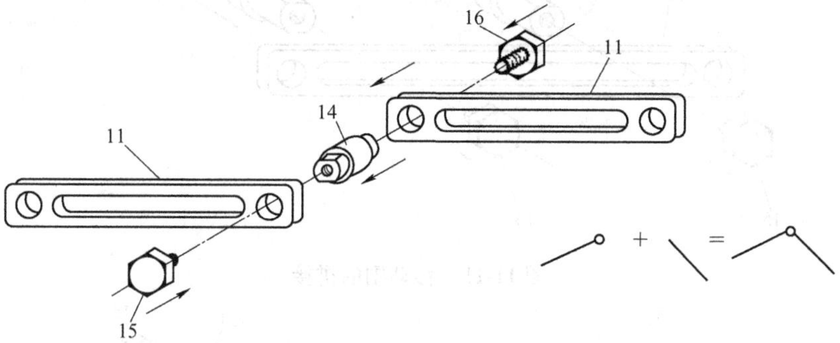

图 11-9　转动副的拼接

提示：根据实际拼接层面的需要，件 14 可用件 7 "转动副轴-3" 替代，由于件 7 的轴颈较长，此时需选用相应的运动构件层面限位套 17 对构件的运动层面进行限位。

（3）移动副的拼接　移动副的拼接如图 11-10 所示。转滑副轴 24 的圆轴端插入连杆 11 的长槽中，通过带垫片的螺钉 15 的连接，转滑副轴 24 可与连杆 11 形成移动副。

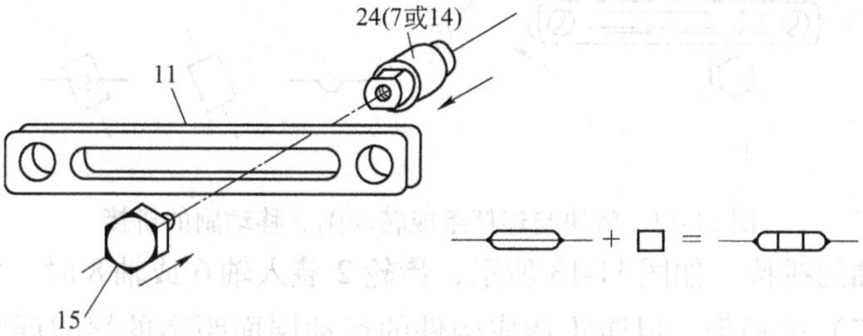

图 11-10　移动副的拼接

提示：转滑副轴 24 的另一端扁平轴可与其他构件形成转动副或移动副。根据拼接的实际需要，也可选用件 7 或 14 替代 24 件作为滑块。

另外一种形成移动副的拼接方式如图 11-11 所示。选用两根轴（6 或 8），将轴固定在机架上，然后再将连杆 11 的长槽插入两轴的扁平轴颈上，旋入带垫片螺钉 15，则连杆在两轴的支承下相对机架作往复移动。

提示：根据实际拼接的需要，若选用的轴颈较长，此时需选用相应的运动构件层面限位套 17 对构件的运动层面进行限位。

（4）滑块与连杆组成转动副和移动副的拼接　如图 11-12 所示的拼接效果是滑块 13 的扁平轴颈处与连杆 11 形成移动副；在构件 20、21 的帮助下，滑块 13 的圆轴颈处与另一连杆在连杆长槽的某一位置形成转动副。首先用螺栓 21 和螺母 34 将固定转轴块 20 锁定在连杆 11 上，再将转动副轴 13 的圆轴端穿插 20 号的圆孔及连杆 11 的长槽中，用带垫片的螺钉 15 旋入 13 的圆轴颈端面的螺孔中，这样 13 与 11 形成转动副。将 13 扁头轴颈插入另一连杆的长槽中，将 15 旋入 13 的扁平轴端面螺孔中，这样 13 与另一连杆 11 形成移动副。

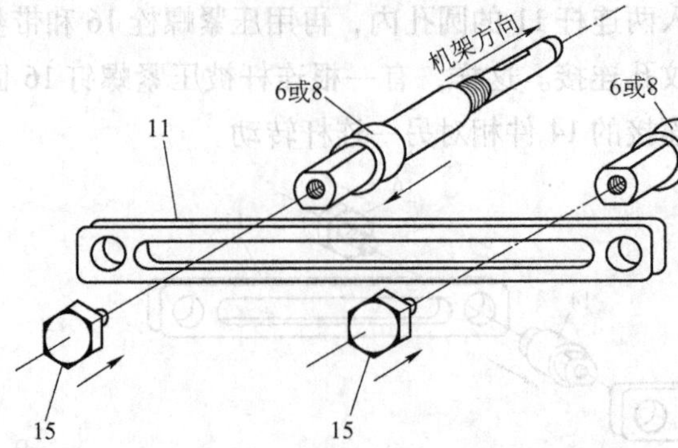

图 11-11　移动副的拼接

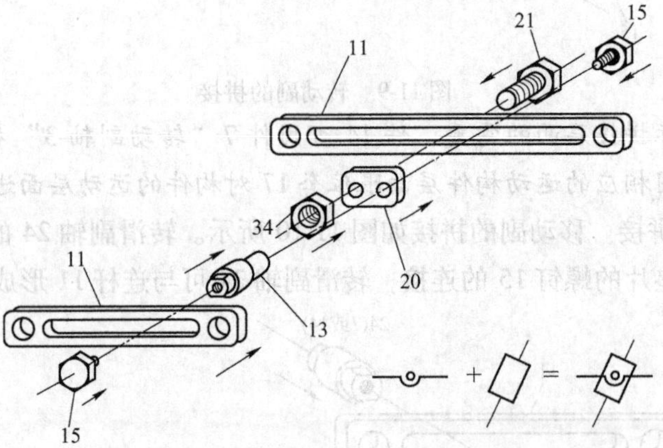

图 11-12　滑块与连杆组成转动副、移动副的拼接

（5）齿轮与轴的拼接　如图 11-13 所示，齿轮 2 装入轴 6 或轴 8 时，应紧靠轴（或运动构件层面限位套 17）的根部，以防止造成构件的运动层面距离的累积误差。按图示连接好后，用内六角紧定螺钉 27 将齿轮固定在轴上（注意：螺钉应压紧在轴的平面上）。这样，齿轮与轴形成一个构件。

若不用内六角紧定螺钉 27 将齿轮固定在轴上，欲使齿轮相对轴转动，则选用带垫片螺钉 15 旋入轴端面的螺孔内即可。

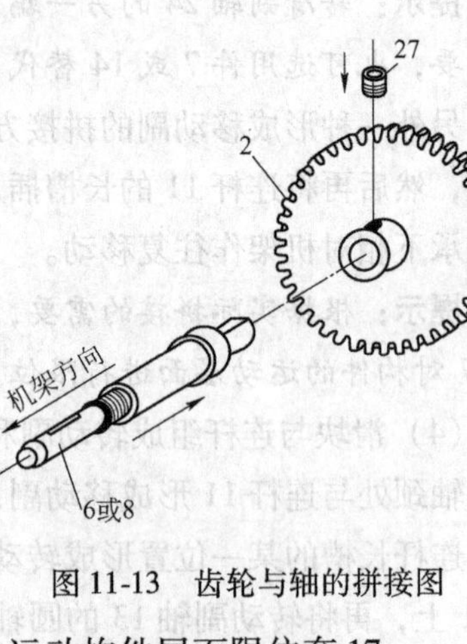

图 11-13　齿轮与轴的拼接图

（6）齿轮与连杆形成转动副的拼接　如图 11-14 所示拼接，连杆 11 与齿轮 2 形成转动副。视所选用盘杆转动轴 19 的轴颈长度不同，决定是否需用运动构件层面限位套 17。

若选用轴颈长度 $L = 35\mathrm{mm}$ 的盘杆转动轴 19，则可组成双联齿轮，并与连杆形成转动副，参见图 11-15 所示；若选用 $L = 45\mathrm{mm}$ 的盘杆转动轴 19，同样可以组成双联齿轮，与前者不同的是要在盘杆转动轴 19 上加装一个运动构件层面限位套 17。

（7）齿条护板与齿条、齿条与齿轮的拼接　如图 11-16 所示，当齿轮相对齿条啮合时，

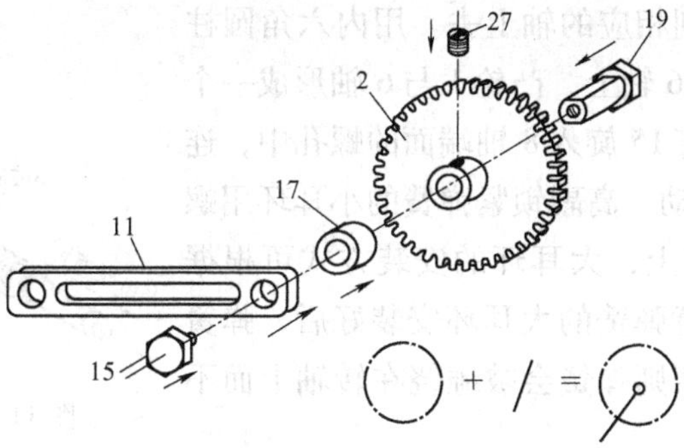

图 11-14　齿轮与连杆形成转动副的拼接

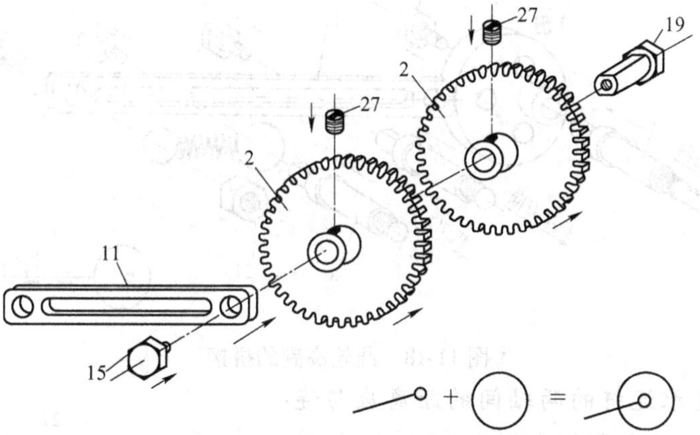

图 11-15　双联齿轮与连杆形成转动副的拼接

若不使用齿条导向板，则齿轮在运动时会脱离齿条。为避免此种情况发生，在拼接齿轮与齿条啮合运动方案时，需选用两根齿条导向板 23 和螺栓、螺母 21 按图 11-16 的方法进行拼接。

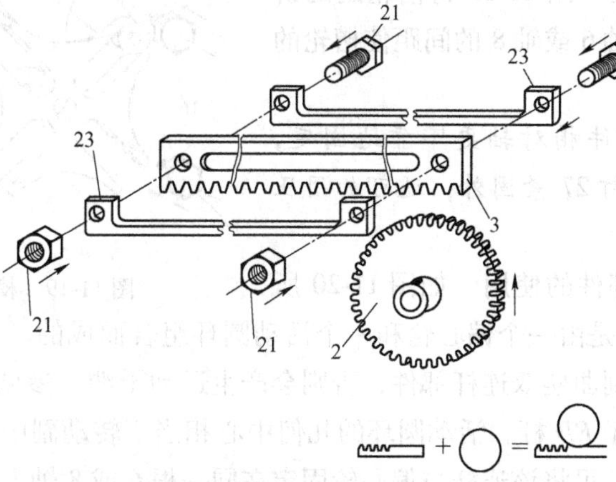

图 11-16　齿轮护板与齿条、齿条与齿轮的拼接

（8）凸轮与轴的拼接　按图 11-17 所示拼接好后，凸轮 1 与轴 6 或 8 形成一个构件。

若不用内六角紧定螺钉 27 将凸轮固定在轴的上，而选用带垫片螺钉 15 旋入轴端面的螺孔内，则凸轮相对轴转动。

（9）凸轮高副的拼接　如图 11-18 所示，首先将轴 6 或 8 与机架相连。然后分别将凸轮

1、从动件连杆11拼接到相应的轴上去。用内六角圆柱头螺钉27将凸轮紧定在6轴上，凸轮1与6轴形成一个运动构件；将带垫片螺钉15旋入8轴端面的螺孔中，连杆11相对8轴作往复移动。高副锁紧弹簧的小耳环用螺栓21固定在从动杆连杆上，大耳环的安装方式可根据拼接情况自定，必须注意弹簧的大耳环安装好后，弹簧不能随运动构件转动，否则弹簧会被缠绕在转轴上而不能工作。

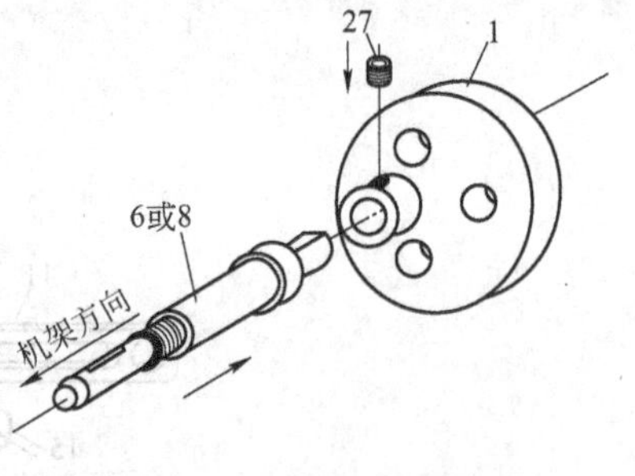

图 11-17　凸轮与轴的拼接

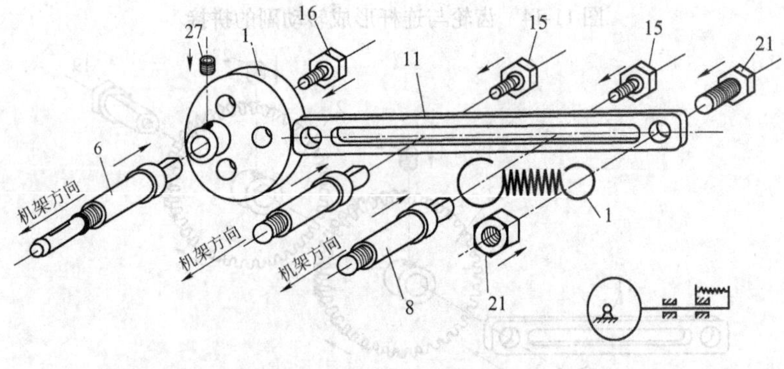

图 11-18　凸轮高副的拼接

提示： 用于支承连杆的两轴间的距离应与连杆的移动距离（凸轮的最大升程为30mm）相匹配。欲使凸轮相对轴的安装更牢固，还可在轴端面的内螺孔中加装压紧螺钉15。

（10）槽轮副的拼接　图11-19为槽轮副的拼接示意图。通过调整两轴6或轴8的间距使槽轮的运动传递灵活。

提示： 为使盘类零件相对轴更牢靠地固定，除使用内六角圆柱头螺钉27紧固外，还可加用压紧螺栓16。

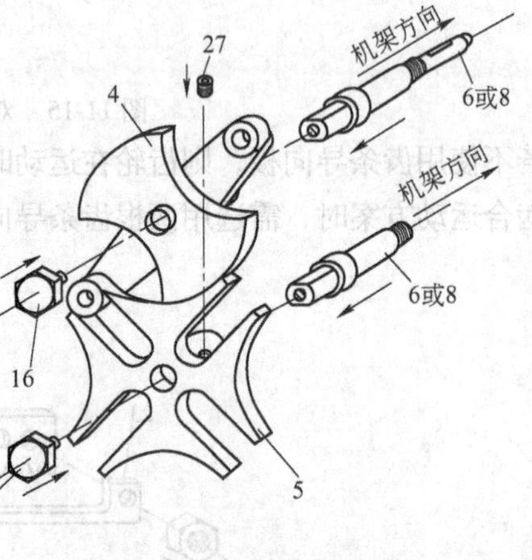

图 11-19　槽轮副的拼接

（11）曲柄双连杆部件的使用　如图11-20所示，曲柄双连杆部件22是由一个偏心轮和一个活动圆环组合而成的。在拼接类似蒸汽机机构运动方案时，需要用到曲柄双连杆部件，否则会产生运动干涉。参见图11-25所示的蒸汽机机构，活动圆环相当于*ED*杆，活动圆环的几何中心相当于转动副中心*D*。欲将一根连杆与偏心轮形成同一构件，可将该连杆与偏心轮固定在同一根6或8轴上，此时该连杆相当于机构运动简图中的*AB*杆。

（12）滑块导向杆相对机架的拼接　如图11-21所示，将轴6或轴8插入滑块28的轴孔中，用平垫片、防脱螺母34将轴6或轴8固定在机架29上，并使轴颈平面平行于直线电动机齿条的运动平面，以保证主动滑块插件9的中心轴线与直线电动机齿条的中心轴线相互垂

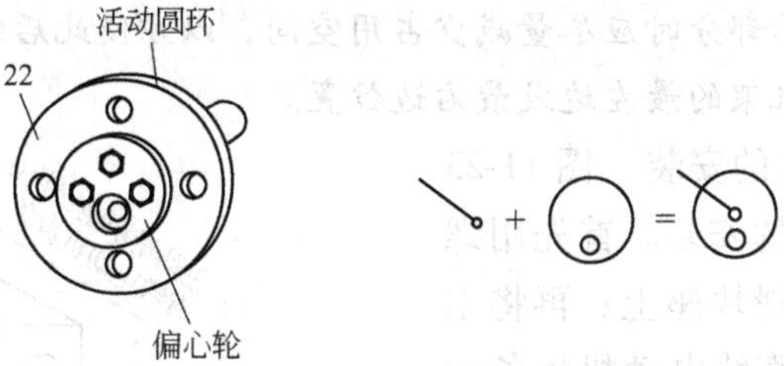

图 11-20　曲柄双连杆部件的使用

直且在一个运动平面内；将滑块导向杆 11 通过压紧螺栓 16 固定在 6 或 8 轴颈上。这样，滑块导向杆 11 与机架 29 成为一个构件。

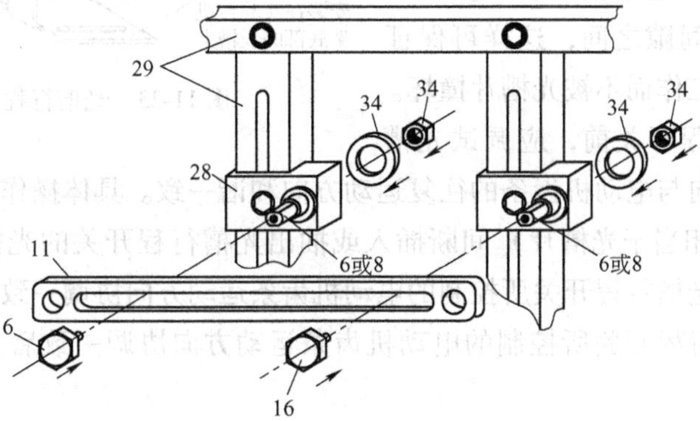

图 11-21　滑块导向杆相对机架的拼接

（13）主动滑块与直线电动机齿条的拼接　当滑块为原动件且接受的输入运动为直线运动时，其与直线电动机的安装如图 11-22 所示。首先将主动滑块座 10 套在直线电动机的齿条上（为防止直线电动机齿条脱离电动机主体，建议将主动滑块座固定在电动机齿条的端头位置），再将主动滑块插件 9 上只有一个平面的轴颈端插入主动滑块座 10 的内孔中，有两平面的轴颈端插入起支承作用的连杆 11 的长槽中（这样可使主动滑块不作悬臂运动），然后，将主动滑块座调整至水平状态，直至主动滑块插件 9 相对连杆 11 的长槽能作灵活的往复直线运动为止，此时用螺钉 26 将主动滑块座固定。起支承作用的连杆 11 固定在机架 29 上的拼接方法，参见图 11-21。最后，根据外接构件的运动层面需要调节主动滑插件 9 的外伸长度（必要的情况下，沿主动滑块插件 9 的轴线方向调整直线电动机的位置），以满足与主动滑块插件 9 形成运动副的构件的运动层面的需要，用内六角圆柱头紧定螺钉 27 将主动滑块插件 9 固定在主动滑块座 10 上。

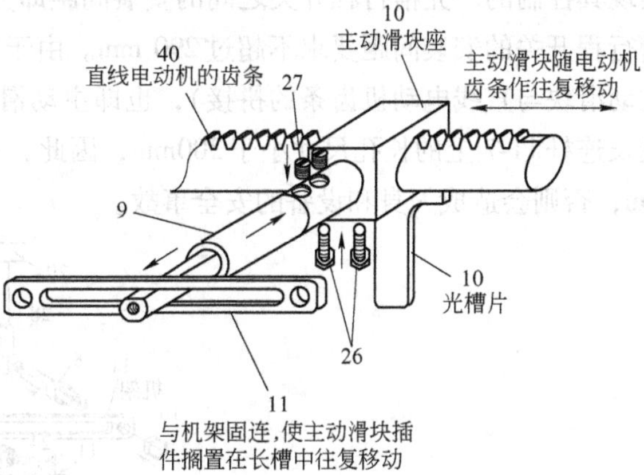

图 11-22　主动滑块与直线电动机齿条的拼接

提示： 图 11-22 所拼接的部分仅为某一机构的主动运动部分，后续拼接的构件还将占用空间，因此，在拼接图示部分时应尽量减少占用空间，以方便此后的拼接需要。具体的做法是将直线电动机固定在机架的最左边或最右边位置。

（14）光槽行程开关的安装　图 11-23 所示的为光槽行程开关的安装。首先用螺钉将光槽片固定在主动滑块座上；再将主动滑块座水平地固定在直线电动机齿条的端头；然后用内六角圆柱头螺钉将光槽行程开关固定在实验台机架底部的长槽上，且使光槽片能顺利通过光槽行程开关，也即光槽片处在光槽间隙之间，这样可保证光槽行程开关有效工作而不被光槽片撞坏。

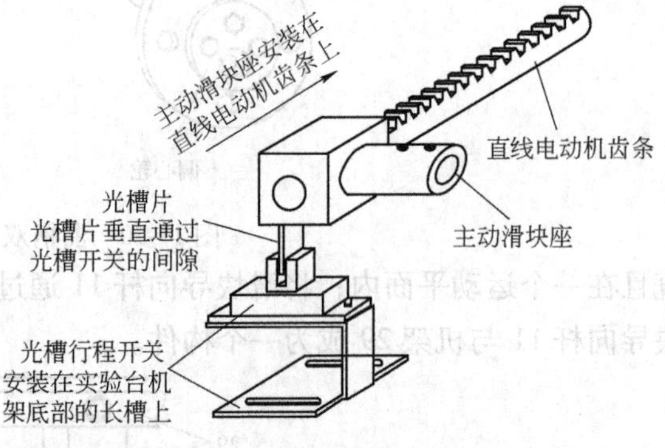

图 11-23　光槽行程开关的安装

在固定光槽行程开关前，应调试光槽行程开关的控制方向与电动机齿条的往复运动方向和谐一致。具体操作：请操作者拿一可遮挡光线的薄物片（相当于光槽片）间断插入或抽出光槽行程开关的光槽，以确认光槽行程开关的安装方位与光槽行程开关所控制的电动机齿条运动方向协调一致；确保光槽行程开关的安装方位与光槽行程开关所控制的电动机齿条运动方向协调一致后方可固定光槽行程开关。

操作者应注意：直线电动机齿条的单方向位移量是通过上述一对光槽行程开关的间距来实现其控制的。光槽行程开关之间的安装间距即为直线电动机齿条在单方向的行程，一对光槽行程开关的安装间距要求不超过 290 mm。由于主动滑块座需要靠连杆支承（参看图 11-22 主动滑块与直线电动机齿条的拼接），也即主动滑块是在连杆的长孔范围内作往复运动，而最长连杆 11-7 上的长孔尺寸小于 300mm，因此，一对光槽行程开关的安装间距不能超过 290 mm，否则会造成人身和设备的安全事故。

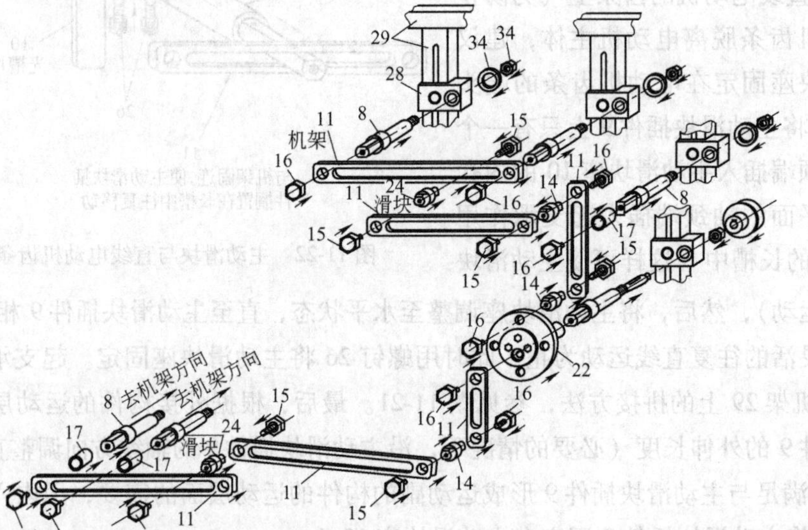

图 11-24　蒸汽机机构拼接实例

（15）蒸汽机机构拼接实例　通过图 11-24 所示的蒸汽机机构拼接实例，使操作者进一步熟悉零件的使用。该蒸汽机的机构运动简图请参见图 11-24。在实际拼接中，为避免蒸汽机机构中的曲柄滑块机构与曲柄摇杆机构间的运动发生干涉，机构运动简图中所标明的构件 1 和构件 4 应选用“曲柄双连杆部件”22 和一根短连杆 11 替代二者的作用。

11.8 实验内容

实验前首先要以平面机构运动简图的形式拟定机构运动方案，然后使用“CQJP-D 机构运动创新设计实验台”进行运动方案的拼接，通过调整布局、连接方式及尺寸来验证和改进设计，最终确定切实可行、性能较优的机构运动方案和参数。

实验时每 3 ~4 名学生一组，至少完成一种运动方案的拼接设计实验。

机构运动方案可由学生根据原始设计数据要求进行构思和设计，也可从下列工程机械的各种实际机构中进行选择，并完成其方案的拼接和运动关系验证。

下列实例的机构运动简图中所标注的数字编号的意义为：横杠前面的数字代表构件编号，横杠后面的数字为建议该构件所占据的运动层面。运动层面数的第 1 层是指机架的拼接起始参考面，层面数越大距离第 1 层越远。

1. 蒸汽机机构

结构说明：如图 11-25 所示，组件 1-2-3-8 组成曲柄滑块机构，组件 8-1-4-5 组成曲柄摇杆机构，组件 5-6-7-8 组成摇杆滑块机构。曲柄摇杆机构与摇杆滑块机构串联组合。

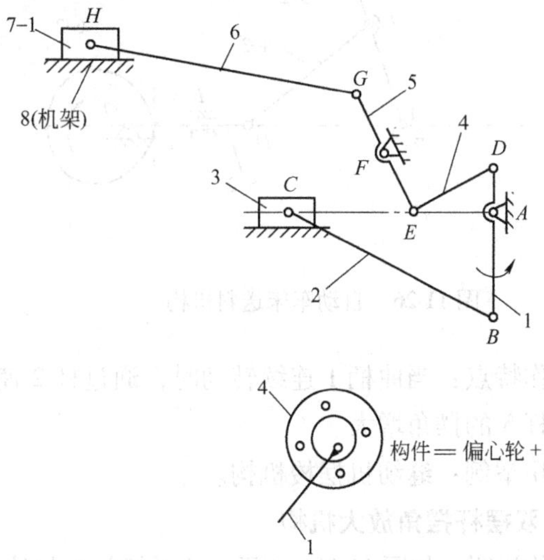

图 11-25　蒸汽机机构

工作特点：滑块 3、7 作往复运动并有急回特性。适当选取机构运动学尺寸，可使两滑块之间的相对运动满足协调配合的工作要求。

应用举例：蒸汽机的活塞运动及阀门启闭机构。

提示：构件（偏心轮）1 与构件 4（活动圆环）已组合为一个构件，称之为曲柄双连杆部件。两活动构件形成转动副，且转动副的中心在圆环的几何中心处。

为达到延长 *AB* 距离的目的，将一短连杆与构件 1 固定在同一根转轴上，可使轴、短连杆和偏心轮三个零件形成同一活动构件。建议在实际拼接中，使短连杆占据第三层运动层面。

2. 自动车床送料机构

结构说明：如图 11-26 所示，自动车床送料机构由平底直动从动件盘状凸轮机构与连杆机构组成。当凸轮转动时，推动杆 5 往复移动，通过连杆 4 与摆杆 3 及滑块 2 带动从动件 1

（推料杆）作周期性往复直线运动。

工作特点：一般凸轮为主动件，能够实现较复杂的运动规律。

应用举例：自动车床送料及进给机构。

3. 六杆机构

结构说明：如图 11-27 所示，六杆机构由曲柄摇杆机构 6-1-2-3 与摆动导杆机构 3-4-5-6 组成。曲柄 1 为主动件，摆杆 5 为从动件。

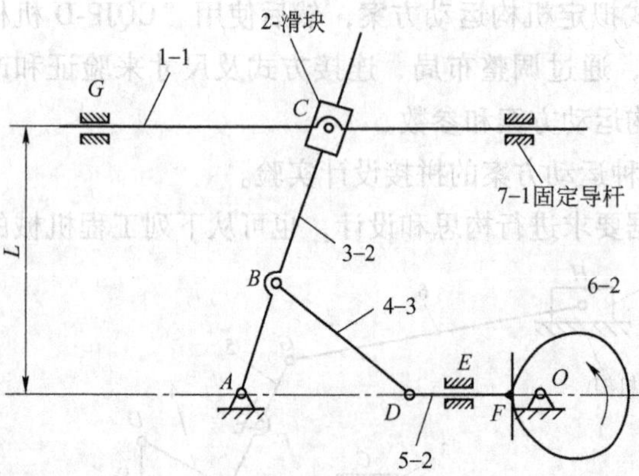

图 11-26　自动车床送料机构

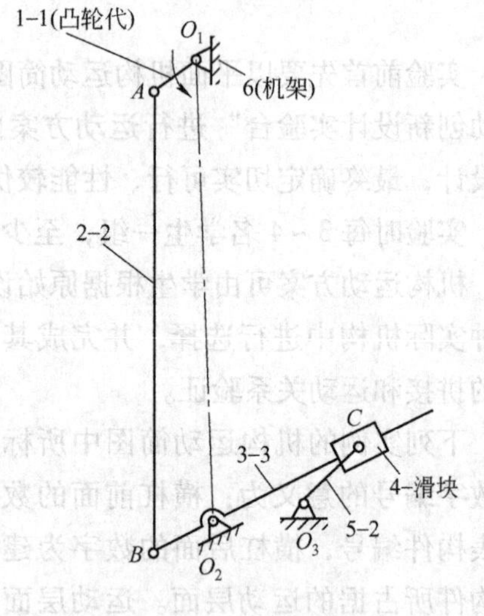

图 11-27　六杆机构

工作特点：当曲柄 1 连续转动时，通过杆 2 使摆杆 3 作一定角度的摆动，再通过导杆机构使摆杆 5 的摆角增大。

应用举例：缝纫机摆梭机构。

4. 双摆杆摆角放大机构

结构说明：如图 11-28a 所示，主动摆杆 1 与从动摆杆 3 的中心距 L 应小于摆杆 1 的半径 r。

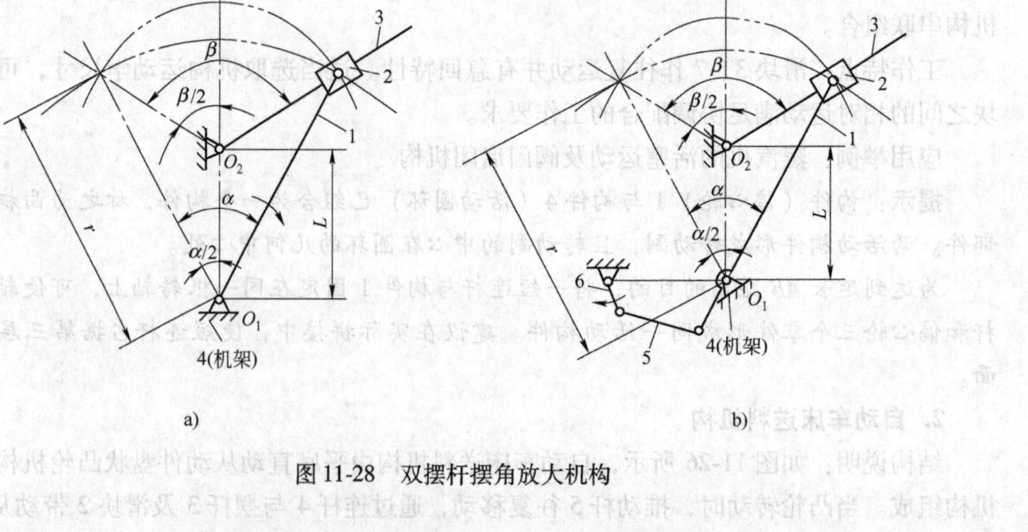

图 11-28　双摆杆摆角放大机构

工作特点：当主动摆杆 1 摆动 α 角时，从动杆 3 的摆角 β 大于 α，实现摆角增大，各参数之间的关系为

$$\beta = 2\arctan\frac{(r/L)\tan(\alpha/2)}{(r/L) - \sec(\alpha/2)}$$

提示：由于图 11-28a 中存在双摆杆，所以不能用电动机带动，只能用手动方式观察其运动。若要用电动机带动，则可按图 11-28b 所示方式拼接。

5. 转动导杆与凸轮放大升程机构

结构说明：如图 11-29 所示，曲柄 1 为主动件，凸轮 3 和导杆固联。

工作特点：当曲柄 1 由图示位置顺时针转过 90°时，导杆和凸轮一起转过 180°。图 11-29 所示的机构常用于凸轮升程较大，而升程角受到某些因素的限制不能太大的情况。该机构制造安装简单，工作性能可靠。

6. 铰链四杆机构

结构说明：如图 11-30a 所示，双摇杆机构 $ABCD$ 的各构件长度满足条件：机架 $l_{AB} = 0.64l_{BC}$，摇杆 $l_{AD} = 1.18l_{BC}$，连杆 $l_{DC} = 0.27l_{BC}$，E 点为连杆 CD 延长线上的点，且 $l_{DE} = 0.83l_{BC}$。BC 为主动摇杆。

工作特点：当主动摇杆 BC 绕 B 点摆动时，E 点轨迹为图中双点画线所示，其中有一段为近似直线。

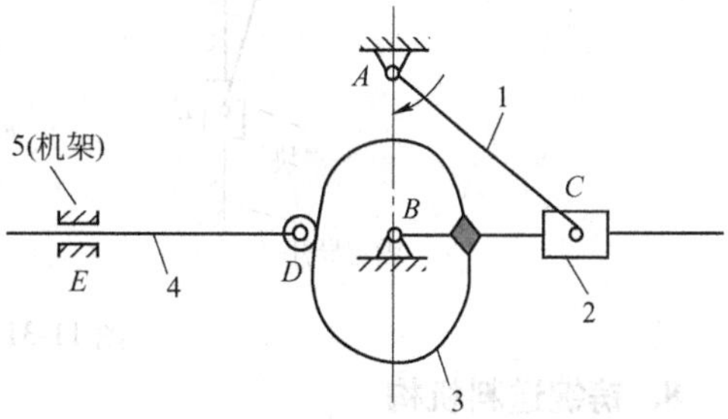

图 11-29　转动导杆与凸轮放大升程机构

应用举例：可作固定式港口用起重机，E 点处安装吊钩。利用 E 点轨迹的近似直线段吊装货物，能符合吊装设备的平稳性要求。

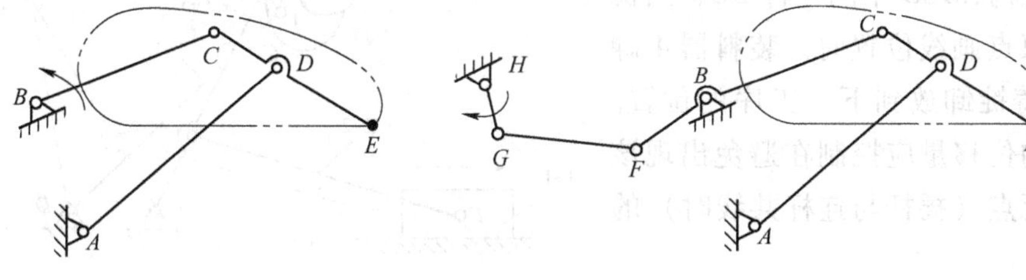

a)　　　　b)

图 11-30　铰链四杆机构

提示：由于是双摇杆，所以不能用电动机带动，只能用手动方式观察其运动。若要用电动机带动，则可按图 11-30 所示方式串联一个曲柄摇杆机构。

7. 冲压送料机构

结构说明：如图 11-31 所示，组件 1-2-3-4-5-9 组成导杆摇杆滑块机构，完成冲压动作；由组件 1-8-7-6-9 组成齿轮凸轮机构，完成送料动作。冲压机构是在导杆机构的基础上，串联一个摇杆滑块机构组合而成。

工作特点：导杆机构按给定的行程速度变化系数设计，它和摇杆滑块机构组合可达到工

作段近于匀速的要求。适当选择导路位置，可使工作段压力角 α 较小。在工程设计中，按机构运动循环图确定凸轮工作角和从动件运动规律，则机构可在预定时间将工件送至待加工位置。

应用举例：冲压机械冲压及送料设备。

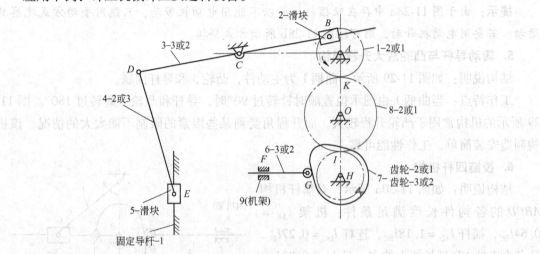

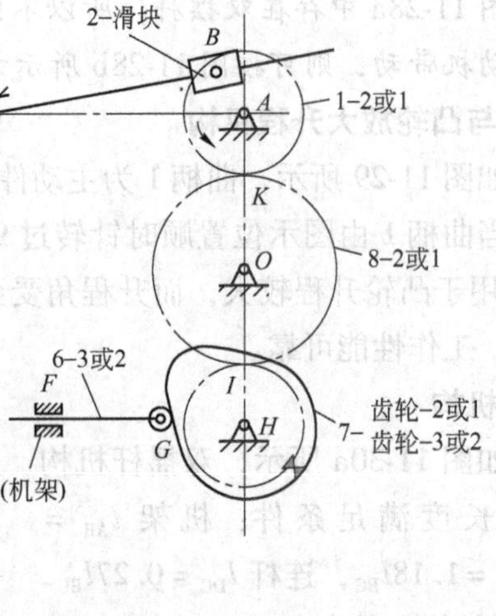

图 11-31　冲压送料机构

8. 铸锭送料机构

结构说明：如图 11-32 所示，滑块为主动件，通过连杆 2 驱动双摇杆 *ABCD*，将从加热炉出来的铸锭（工件）送到下一工序。

工作特点：图 11-32 中粗实线位置为炉铸锭进入装料器 4 中，装料器 4 即为双摇杆机构 *ABCD* 中的连杆 *BC*，当机构运动到双点画线位置时，装料器 4 翻转 180°把铸锭卸放到下一工序的位置。主动滑块的位移量应控制在避免出现该机构运动死点（摇杆与连杆共线时）的范围内。

应用举例：加热炉出料设备、加工机械的上料设备等。

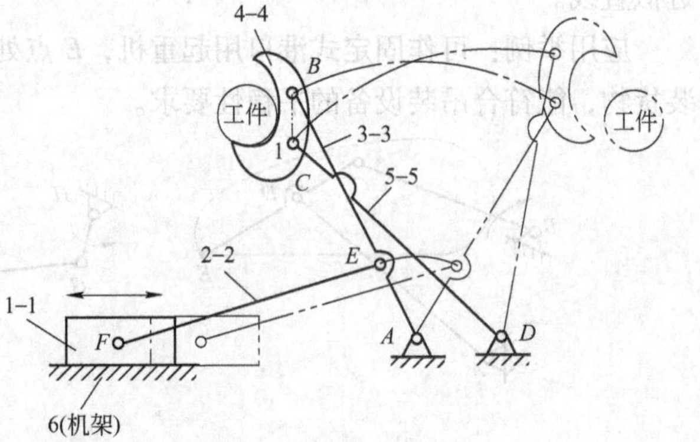

图 11-32　铸锭送料机构

9. 插床的插削机构

结构说明：如图 11-33 所示，在 *ABC* 摆动导杆机构的摆杆 *BC* 反向延长线的 *D* 点上加由连杆 4 和滑块 5 组成的二级杆组，成为六杆机构。

工作特点：主动曲柄 *AB* 匀速转动，滑块 5 在垂直 *AC* 的导路上往复移动，具有急回特性。改变 *ED* 连杆的长度，滑块 5 可获得不同的规律。

应用举例：在滑块 5 处固接插刀，可作为插床的插削机构。

10. 插齿机主传动机构

结构说明：如图 11-34 所示，组件 1-2-3-6 组成曲柄摇杆机构，组件 3-4-5-6 组成摇杆滑块机构，两机构串联组合成六杆机构。

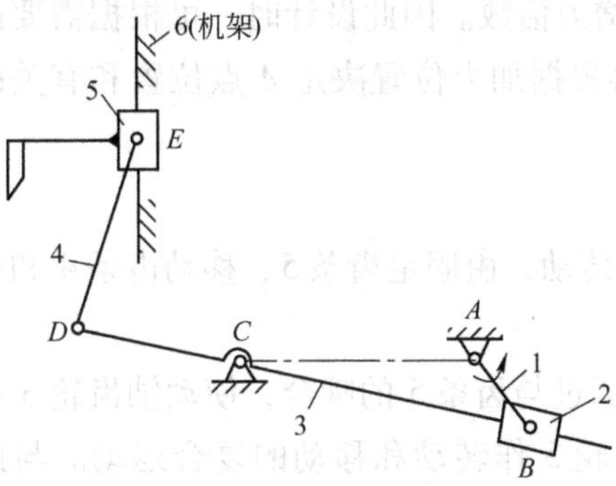

图 11-33　插床的插削机构

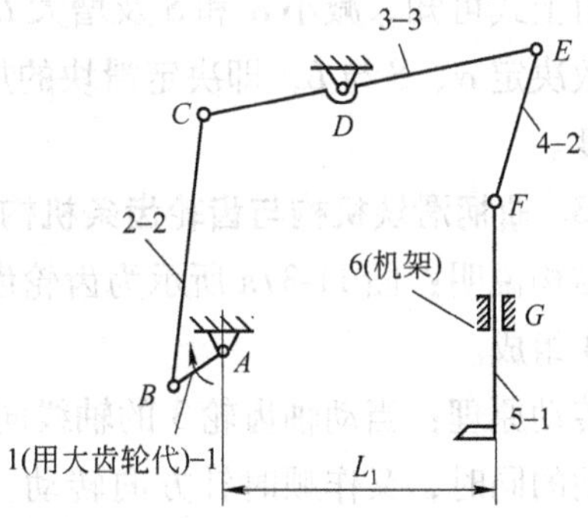

图 11-34　插齿机主传动机构

工作特点：该机构既具有空回行程的急回特性，又具有工作行程的等速性。

应用举例：插齿机的主传动机构。

11. 刨床导杆机构

结构说明：如图 11-35 所示，由组件 1-2-3-6 构成摆动导杆机构，组件 3-4-5-6 构成摇杆滑块机构。两机构串联组合，其动力是由电动机经带传动、齿轮传动使曲柄 1 绕轴 *A* 回转，再经滑块 2、导杆 3、连杆 4 带动装有刨刀的滑枕 5 沿机架 6 的导轨槽作往复直线运动，从而完成刨削工作。

工作特点：工作行程接近匀速运动，空回行程可实现急回。

应用举例：牛头刨床主运动机构。

12. 曲柄增力机构

结构说明：如图 11-36 所示，由组件 1-2-3-6 组成曲柄摇杆机构，组件 3-4-5-6 组成摇杆滑块机构。两机构串联组合。

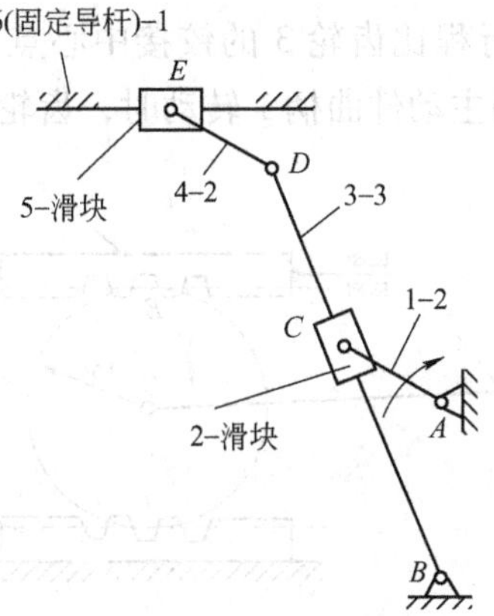

图 11-35　刨床导杆机构

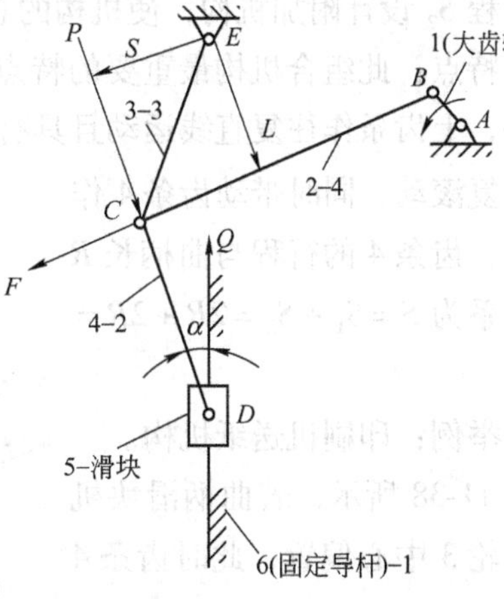

图 11-36　曲柄增力机构

工作特点：当 BC 杆受力 $\boldsymbol{F}$，CD 杆受力 $\boldsymbol{P}$ 时，则滑块 5 产生的压力为

$$Q = \frac{FL\cos\alpha}{S}$$

由上式可知，减小 α 和 S 及增大 L，均能增大增力倍数。因此设计时，可根据需要的增力倍数决定 α、S 与 L，即决定滑块的加力位置，再根据加力位置决定 A 点位置和有关的构件长度。

13. 曲柄滑块机构与齿轮齿条机构的组合

结构说明：图 11-37a 所示为齿轮齿条行程倍增传动，由固定齿条 5、移动齿条 4 和动轴齿轮 3 组成。

传动原理：当动轴齿轮 3 的轴线向右移动时，通过与齿条 5 的啮合，使动轴齿轮 3 在向右移动的同时，又作顺时针方向转动。因此动轴齿轮 3 作转动和移动的复合运动。与此同时，通过与移动齿条 4 的啮合，带动移动齿条 4 向右移动。设动轴齿轮 3 的行程为 S_1，移动齿条 4 的行程为 S，则有：$S = 2S_1$。

图 11-37b 所示机构由齿轮齿条倍增传动与对心曲柄滑块机构串联组成，当曲柄转动带动 C 点移动时，在移动齿条 4 上可得到较大行程。如果应用对心曲柄滑块机构实现行程放大，以要求保持机构受力状态良好，即传动压力角较小，可应用“行程分解变换原理”，将给定的曲柄滑块机构的大行程 S 分解成两部分，$S = S_1 + S_2$，按行程 S_1 设计对心曲柄滑块机构，按行程 S_2 设计附加机构，使机构的总行程为 $S = S_1 + S_2$。

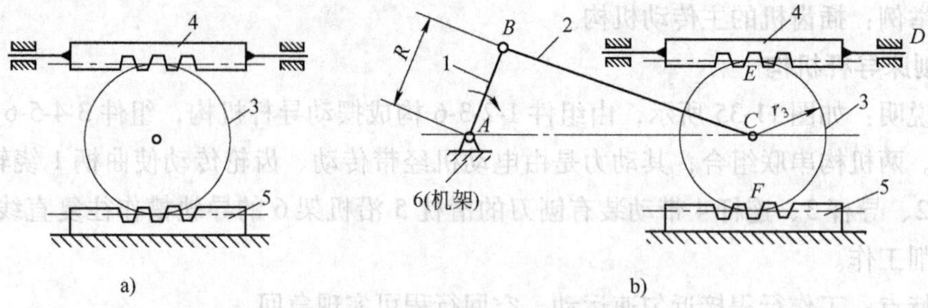

图 11-37　曲柄滑块机构与齿轮齿条机构的组合

工作特点：此组合机构最重要的特点是上齿条的行程比齿轮 3 的铰接中心点 C 的行程大。此外，上齿条作往复直线运动且具有急回特性。当主动件曲柄 1 转动时，齿轮 3 沿固定齿条 5 往复滚动，同时带动齿条 4 作往复移动，齿条 4 的行程与曲柄长 R 之间的关系为 $S = S_1 + S_2 = 2R + 2R = 4R$。

应用举例：印刷机送纸机构。

如图 11-38 所示，若曲柄滑块机构相对齿轮 3 中心偏置，此时齿条 4 的行程 S 与 R 应是怎样的关系？齿条 4 的位移量相对齿轮 3 中心点 C 的

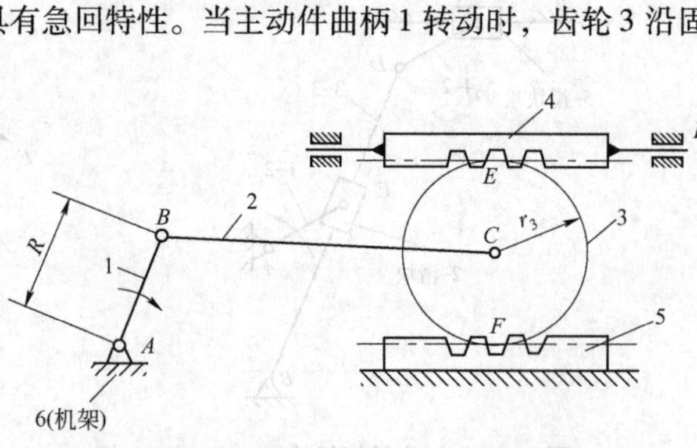

图 11-38　偏置曲柄滑块机构与齿轮齿条机构的组合

位移量又是何关系？由实验者自选推证。

在工程实际中，还可以对图 11-37b 所示的机构进行变通。如齿轮 3 改用节圆半径分别为 r_3、r_3' 的双联齿轮 3、3′，并以齿轮 3 与齿条 5 啮合，齿轮 3′与齿条 4 啮合，则齿条 4 的行程为 $S=2\left(1+\frac{r_3'}{r_3}\right)R$，当 $r_3'>r_3$ 时，$S>4R$。

14. 曲柄摇杆机构

结构说明：图 11-39 所示为曲柄摇杆机构。当机构尺寸满足以下条件时

$$l_{BC}=l_{CD}=l_{CM}=2.5l_{AB},l_{AD}=2l_{AB}$$

曲柄 1 绕 A 点沿着 adb 转动半周，连杆 2 上 M 点轨迹近似为直线 $a_1d_1b_1$。

应用举例：搬运货物的输送机及电影放映机的抓片机构等。

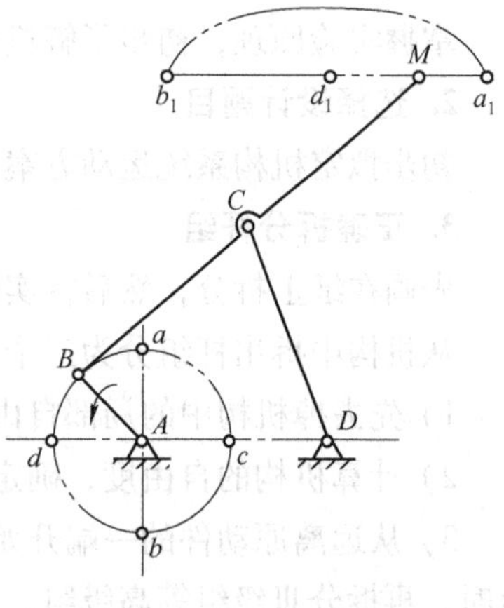

图 11-39　曲柄摇杆机构

15. 四杆机构

结构说明：图 11-40 所示为四杆机构。当机构尺寸满足以下条件时

$$l_{BC}=l_{CD}=l_{CM}=1,l_{AB}=0.136,l_{AD}=1.41$$

构件 1 绕 A 点顺时针方向转动，构件 2 上 M 点以逆时针方向转动，其轨迹近似为圆形。

应用举例：搅拌机机构。

16. 曲柄滑块机构

结构说明：图 11-41 所示为曲柄滑块机构。当机构尺寸满足下列条件时

$$l_{AB}=l_{BC}=l_{BF}$$

构件 1 绕 A 点转动，构件 2 上 F 点沿 Ay 轴运动，D 点和 E 点轨迹为椭圆，其方程为

$$\frac{x^2}{FD^2}+\frac{y^2}{CD^2}=1\quad\frac{x^2}{FE^2}+\frac{y^2}{CE^2}=1$$

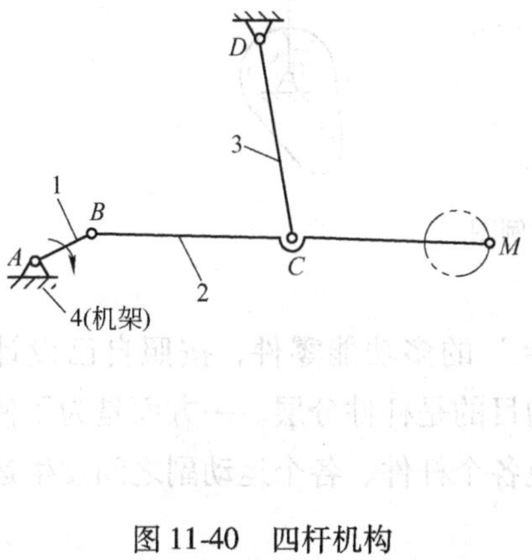

图 11-40　四杆机构

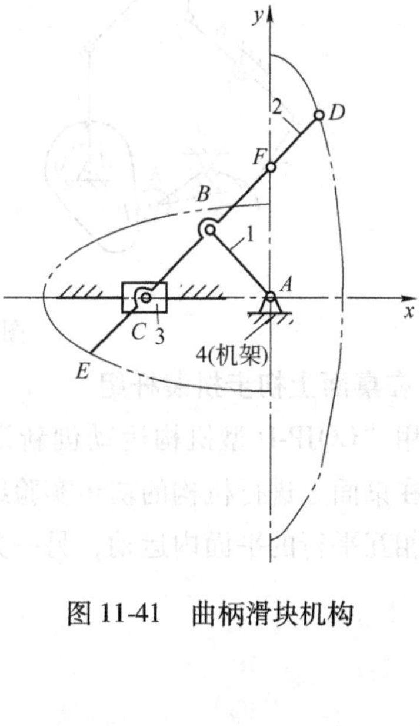

图 11-41　曲柄滑块机构

应用举例：画椭圆仪器。

11.9 实验方法及步骤

1. 预习实验

掌握实验原理，初步了解机构创新模型。

2. 选择设计题目

初步拟定机构系统运动方案。

3. 正确拆分杆组

先画在纸上拆分，然后在实验台上拆分。

从机构中拆出杆组分为三个步骤：

1）先去掉机构中的局部自由度和虚约束。

2）计算机构的自由度，确定原动件。

3）从远离原动件的一端开始拆分杆组，每次拆分时，先试着拆分出Ⅱ级组，没有Ⅱ级组时，再拆分Ⅲ级组等高级组，最后剩下原动件和机架。

拆分杆组是否正确的判定方法是：拆去一个杆组或一系列杆组后，剩余的必须为一个与原机构具有相同自由度的子机构或若干个与机架相连的原动件，不能有不成组的零散构件或运动副存在；全部杆组拆完后，只应当剩下与机架相连的原动件。

对于图11-42所示的机构中，可先除去K处的局部自由度；然后，按步骤2）计算机构的自由度$F=1$，并确定凸轮为原动件；最后根据步骤3）的要领，先拆分出由构件4和5组成的Ⅱ级组，再拆分出由构件3和2及构件6和7组成的两个Ⅱ级组及由构件8组成的单构件高副杆组，最后剩下原动件1和机架9。

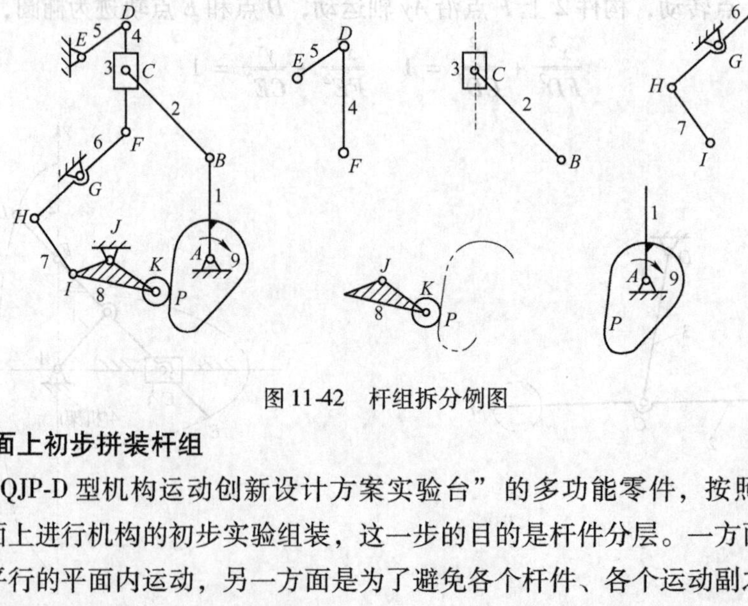

图11-42　杆组拆分例图

4. 在桌面上初步拼装杆组

使用“CQJP-D型机构运动创新设计方案实验台”的多功能零件，按照自己设计的草图，先在桌面上进行机构的初步实验组装，这一步的目的是杆件分层。一方面是为了使各个杆件在相互平行的平面内运动，另一方面是为了避免各个杆件、各个运动副之间发生运动干涉。

5. 正确拼装杆组

按照上一步骤实验好的分层方案，使用实验台的多功能零件，从最里层开始，依次将各个杆件组装连接到机架上。要注意构件杆的选取、转动副的连接、移动副的连接、原动件的组装方式。

6. 输入构件的选择

根据输入运动的形式选择原动件。若输入运动为转动（工程实际中以柴油机、电动机等为动力的情况），则选用双轴承式主动定铰链轴或蜗杆为原动件，并使用电动机通过软轴联轴器进行驱动；若输入运动为移动（工程实际中以液压缸、气缸等为动力的情况），可选用直线电动机驱动。

7. 实现确定运动

试用手动方式驱动原动件，观察各部件的运动都畅通无阻之后，再与电动机相连。检查无误后，方可接通电源。

8. 分析机构的运动学及动力学特性

通过动态观察机构系统的运动，对机构系统运动学及动力学特性作出定性分析。一般包括如下几个方面：

1）各个构件、运动副是否发生干涉。

2）有无“憋劲”现象。

3）输入转动原动件是否为曲柄。

4）输出件是否具有急回特性。

5）机构的运动是否连续。

6）最小传动角（或最大压力角）是否超过其许用值，是否在非工作行程中。

7）机构运动过程中是否具有刚性冲击或柔性冲击。

8）机构是否灵活、可靠地按照设计要求运动到位。

9）自由度大于 1 的机构，其几个原动件能否使整个机构的各个局部实现良好的协调动作。

10）控制元件的使用及安装是否合理，是否按预定的要求正常工作。

若观察机构系统运动发生问题，则必须按前述步骤进行组装调整，直至该模型机构灵活、可靠地完全按照设计要求运动。

9. 确定方案、撰写实验报告

1）用实验方法确定了设计方案和参数后，再测绘自己组装的模型，换算出实际尺寸，填写实验报告，包括按比例绘制正规的机构运动简图，标注全部参数，划分杆组，指出自己有所创新之处、不足之处并简述改进的设想。

2）在教师验收合格并拍照后，自行拆除搭接机构，同时将所有零件放回原处。

3）撰写实验报告。

11.10　实验小结

1. 注意事项

1）注意分清机构中各构件所占据的运动平面，机构的外伸运动层面数越少，机构运动越平稳。为此，建议机构中各构件的运动层面以交错层的排列方式进行拼接。一般以实验台机架铅垂面为拼接的起始参考面，由里向外进行拼装。

2）注意避免相互运动的两构件之间运动平面紧贴而摩擦力过大的情况，适时装入层面限位套。

3）保证每一步所拼装的构件间运动相对灵活，然后才可以进行下一步的拼装。

4）整个运动系统拼装完成后，首先通过手动原动件进行运动情况检验，转动灵活，无运动干涉时才可以起动电动机带动系统工作。

2. 常见问题

1）在设计机构运动方案时，若计算出来的自由度不为1，而是2甚至是3或4，此时要通过压紧螺钉等零件来增加机构的约束。

2）若运动构件出现干涉现象，应注意拼装时保证各构件均在相互平行的平面内运动，同时保证各构件运动平面与轴线的垂直。

11.11　工程实践

机构创新是机械及其功能创新的基础。机构是机械的基本元素，从机械构成及运动原理上分析，机器一般是一个或若干个机构组成的综合体，机器功能的实现常要先归结为其机构的结构构成及运动方案设计，而机器功能的改进与创新，也往往首先从机构的分析及其创新设计开始。研究机构创新设计问题，是进行良好的机械设计及创新的基础，该方面的实践与能力培养，对机械专业学生的创新能力与分析解决问题能力的提高有很重要的作用。

机构运动创新设计可以分为三个步骤：首先必须从认识现有机构开始，将复杂的机械结构简化为机构运动原理图；然后在机构原理图的基础上利用已经掌握的知识和方法寻求新关系，找到存在的问题、分析问题、并进而解决问题，得到新的机构；最后再按照新的机构原理图选择合适的机械零件，组合成正确的机械结构，达到创新设计的要求。

机构创新设计与工程实践是相辅相成的。学生需要更多地接触机械，深入地研究机械，一方面需要提供学生接触实际机械零件和机构的机会，另一方面更需要激发学生的兴趣，引导他们主动地思考和寻找答案。

创新的本质是求变，求变的途径是思维方式。机构演变设计中蕴藏着各种思维方式，只有在机构设计教学中重视和掌握好创新思维方式，才可能培养出有设计原创性新型机构能力的学生，同时，还有助于将机构创新思维方法移植到其他领域进行创新活动。

1. 开口扳手的改进

大多数螺纹连接在装配时都必须拧紧，常用的拧紧工具为扳手，如图11-43所示。扳手是利用杠杆原理拧转螺栓、螺钉、螺母等的手工工具。扳手开口宽度可在一定尺寸范围内进行调节，能拧转不同规格的螺栓或螺母。扳手是经大型摩擦压力机压延而成，具有强度高、机械性能稳定、使用寿命长等优点。

以螺母为例，传统型扳手之所以会损坏螺母，其主要原因是扳手作用在螺母上的力主要集中于六角形螺母的某两个角上，如图 11-44 所示。

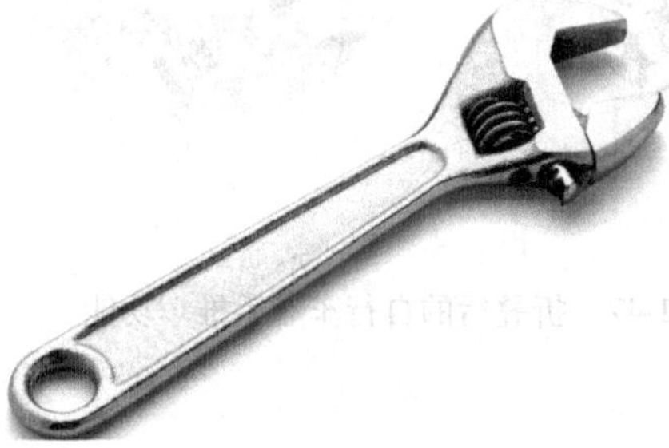

图 11-43　传统型扳手

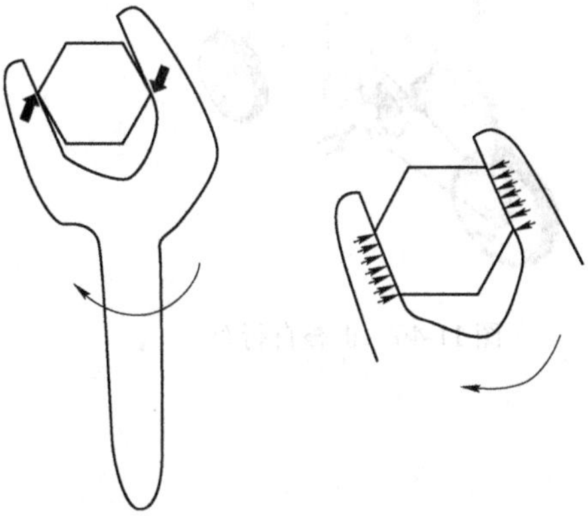

图 11-44　扳手受力

为改善螺母的受损程度，利用相关的机械创新原理和方法，对开口扳手进行改进，具体方法如下：因扳手本身具有不对称形状，通过改变其形状进一步加强其形状的不对称程度；将传统扳手上、下钳夹的两个平行平面改变成曲面，使力在多个非平行平面作用；去除扳手在工作过程中对螺母有损害的部位，避免接触螺母的六角形外表面尖角，因此扳手就无法破坏螺母的六角形外表面。改进后的扳手如图 11-45 所示。

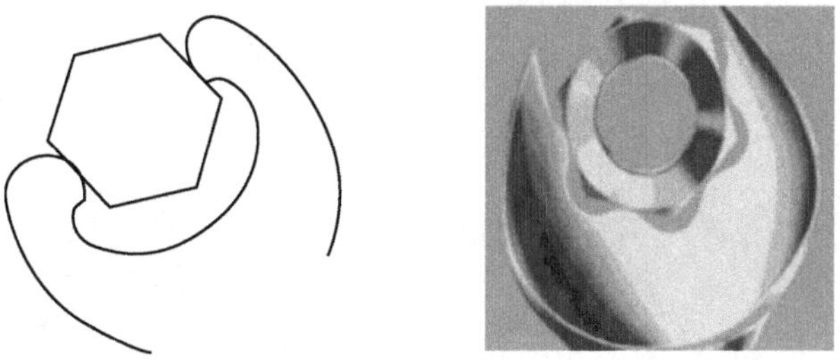

a)　　b)

图 11-45　改进后的扳手

2. 折叠自行车的改进（图 11-46 所示）

一般的折叠自行车有车架折叠关节和立管折叠关节构成。通过车架折叠，将前后两轮对折在一起，可减少约 45% 的长度。整车在折叠后可放入登机箱、折叠包以及汽车的后备箱内。在折叠过程中也不需要借助外来工具，可手动将车折叠、展开。因此，折叠自行车在减小其体积的同时不改变使用时的基本形态，保证其强度、稳定性和使用时的可靠性。

为增加自行车新的使用乐趣，使其不只是简单的折叠，而是在折叠之后产生新的功能。利用相关的创新原理与方法，对自行车进行改进，如图 11-47 所示，通过构件的拼接将自行车折叠之后形成一个小型的手推车，这样进行入超市时避免了存车的麻烦，更加便携。

图 11-46　折叠自行车

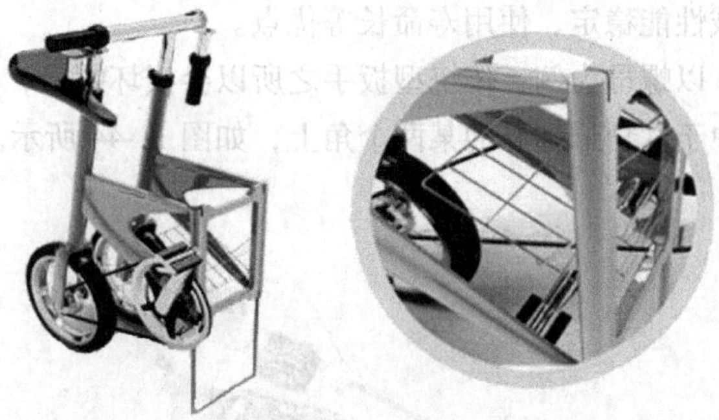

图 11-47　折叠后的自行车有手推车功能

实 验 报 告

实验名称：____________________　实验日期：____________________

班级：____________________　姓名：____________________

学号：____________________　同组实验者：____________________

实验成绩：____________________　指导教师：____________________

（一）实验目的

（二）实验方案设计

根据实验内容，选择和构思机构运动方案。要求画出其运动简图，说明其运动传递情况，并就该机构的应用作简要说明。

机构名称	机构运动简图	运动特点及应用

（三）实验结果分析

1）按比例尺寸绘制实际拼装的机构运动方案简图，并在简图中标注实测所得的机构运动学尺寸。

2）简要说明机构杆组的拆组过程，并画出所拆机构的杆组简图。

3）观察分析拼装机构的运动情况，简要说明从动件的运动规律，分析拼装机构的实际运动情况是否符合设计要求。

4）通过实验分析原设计构思的机构运动方案是否还有缺陷，应如何进行修正和弥补。若利用不同的杆组进行机构拼装，还可得到哪一些有创意的机构运动方案？用机构运动简图示意创新机构运动方案并简要说明理由。

（四）思考问答题

1. 拼接过程中应注意哪些问题？

2. 在机构设计中如何考虑机构替代问题？

3. 拼接中是否发生干涉？有无“憋劲”现象？产生干涉、憋劲的原因是什么？应采取什么措施消除？

4. 你所拼接的机构属于何种形式的平面机构？具有什么特性？

5. 分析你所拼接机构的运动，计算其中一点（如各杆件的连接处）在特殊位置的速度及加速度。

（五）实验心得、建议和探索

参考文献

[1] 林秀君，吕文阁，成思源，等．机械设计基础实验指导书［M］．北京：清华大学出版社，2011.

[2] 王为，喻全余．机械原理与设计实验教程［M］．武汉：华中科技大学出版社，2011.

[3] 王旭，等．机械原理实验教程［M］．济南：山东大学出版社，2006.

[4] 邢琳，张秀芳．机械设计基础课程设计［M］．北京：机械工业出版社，2012.

[5] 郝创博．浅析齿轮泵中变位齿轮的运用［J］．工程技术，2011（15）：28.

[6] 黄美花．变位齿轮在采煤机直齿传动中的应用［J］．黑龙江科技信息，2007（18）：28.

[7] 濮良贵，纪名刚．机械设计［M］．北京：高等教育出版社，2010.

[8] 杨洋．机械设计基础实验教程［M］．北京：高等教育出版社，2008.

[9] 朱聘和，王庆九．机械原理与机械设计实验指导［M］．杭州：浙江大学出版社，2010.

[10] 赵丽清，潘志国．数字图像处理在齿轮参数测量系统中的应用［J］．青岛农业大学学报（自然科学版），2008，25（3）：143-146.

[11] 郭敏，王细洋，龙亮．基于三坐标测量机的齿轮参数测量方法研究［J］．工具技术，2011，45（12）：63-65.

[12] 尹中伟，李安生，肖艳秋，等．机械设计实验教程［M］．北京：机械工业出版社，2011.

[13] 陈修祥，马履中．两平移两转动多自由度减振平台设计与试验［J］．农业机械学报，2007，38（9）：122-125.

[14] 李安生，杜文辽，朱红瑜，等．机械原理实验教程［M］．北京：机械工业出版社，2011.

[15] 任济生．机械设计基础实验教程［M］．济南：山东大学出版社，2005.

[16] 高培峰，王悦民．斗轮堆取料机回转支承螺栓连接疲劳寿命分析［J］．起重运输机械，2011（12）：58-61.

[17] 周坤，刘美红．法兰螺栓联接中螺栓预紧力的计算和控制方法分析［J］．新技术新工艺，2010（8）：26-28.

[18] 綦耀光．机械设计实验教程［M］．济南：山东大学出版社，2006.

[19] 薛铜龙．机械设计基础实验教程［M］．北京：中国电力出版社，2009.

[20] 罗皓，乐毅东．运输皮带传动轮打滑的预防及改进［J］．安装，2005，142（3）：30-31.

[21] 刘杰．机械设计基础实验——机械设计基础实验分册［M］．西安：西北工业大学出版社，2010.

[22] 弥宁，王建吉等．挖掘机曲臂关节滑动轴承油膜压力及合金层应力分布［J］．机械研究与应用，2013，26（1）：58-60.

[23] 秦萍，阎兵．小波分析在柴油机滑动主轴承接触摩擦故障诊断中的应用［J］．内燃机工程，2003，24（3）：56-60.

[24] 朱东华，樊智敏．机械设计基础［M］．北京：机械工业出版社，2007.

[25] 陈洪飞．轮胎压路机后轮轴系结构改进研究［J］．机械研究与应用，2008，21（1）：63-64.

[26] 胡成明，崔新维，等．直驱式风电机组主轴系结构方案的分析与研究［J］．新疆农业大学学报，2012，35（2）：157-160.

[27] 雷辉，李安生，王国欣，等．机械设计基础实验教程［M］．北京：机械工业出版社，2011.

[28]　王卫刚，陈仁良．齿轮减速器在直升机动力传动系统中的应用［J］．机械研究与应用，2010（2）：48-50.

[29]　廖强，欧阳宁东．少齿差减速器在抹光机上的应用［J］．重庆理工大学学报（自然科学），2011，25（5）：51-55.

[30]　翁海珊．机械原理与机械设计课程实践教学选题汇编［M］．北京：高等教育出版社，2008.

[31]　胡思宁，芦书荣．机构运动创新设计实验的实践与探索［J］．科技信息，2008（19）：202-204.